I0463383

Доклады
Независимых
Авторов

Периодическое многопрофильное научно-техническое издание

Выпуск № 25

Россия - Израиль
2014

The Papers of independent Authors

(volume 25, in Russian)

Russia - Israel
2014

Опубликовано **01.02.2014** (версия 1)
Опубликовано **07.02.2014** (версия 2)
Отправлено в печать **07.02.2014**
Напечатано в США, Lulu Inc., каталожный № **14407999**
ISBN 978-1-304-86256-3
EAN-13 9772225671006
ISSN 2225-6717
Сайт со сведениями для автора - http://dna.izdatelstwo.com
Контактная информация - publisherdna@gmail.com
Факс: ++972-8-8691348
Адрес: POB 15302, Bene-Ayish, Israel, 60860

ISBN 978-1-304-86256-3

Истина – дочь времени, а не авторитета.

Френсис Бэкон

Каждый человек имеет право на свободу убеждений и на свободное выражение их; это право включает свободу беспрепятственно придерживаться своих убеждений и свободу искать, получать и распространять информацию и идеи любыми средствами и независимо от государственных границ.

Организация Объединенных Наций.
Всеобщая декларация прав человека. Статья 19

От издателя

"Доклады независимых авторов" - многопрофильный научно-технический печатный журнал на русском языке. Журнал принимает статьи к публикации из России, стран СНГ, Израиля, США, Канады и других стран. При этом соблюдаются следующие правила:

1) статьи не рецензируются и издательство не отвечает за содержание и стиль публикаций,
2) автор оплачивает публикацию,
3) журнал регистрируется в международном классификаторе книг ISBN, передается и регистрируется в основных библиотеках России, национальной библиотеке Израиля,
4) приоритет и авторские права автора статьи обеспечиваются регистрацией журнала в ISBN,
5) коммерческие права автора статьи сохраняются за автором,
6) журнал издается в США,
7) журнал продается в интернете и в тех магазинах, которые решат его приобрести, пользуясь указанным международным классификатором.

Этот журнал - для тех авторов, которые уверены в себе и не нуждаются в одобрении рецензента. Нас часто упрекают в том, что статьи не рецензируются. Но институт рецензирования не является идеальным фильтром - пропускает неудачные статьи и задерживает оригинальные работы. Не анализируя многочисленные причины этого, заметим только, что, если плохие статьи может отфильтровать сам читатель, то выдающиеся идеи могут остаться неизвестными. Поэтому мы - за то, чтобы ученые и инженеры имели право (подобно писателям и художникам) публиковаться без рецензирования и не тратить годы на "пробивание" своих идей.

Хмельник С.И.

Содержание

Серия: **ЛОГИКА**

Неплюй В.И.

Логика устойчивости.
Многоточечные симметрии.

Аннотация

Рассмотрены основные коллизии многоточечных симметрий, фрагментарно встречающиеся в некоторы объектах Природы. В это разделе многоточечные симметрии рассмотрены как симметрии устойчивости, для того чтобы выяснить их особенности и их связи с основной трёхточечной симметрией устойчивости.

Оглавление

1. Вступление

В статье [4] рассмотрены некоторые коллизии основных, трёхточечных симметрий устойчивости. Они называются простыми, из-за того что имеют простую структуру. Каждый следующий слой шаров опирается на предыдущий, и во всех слоях все их шары находятся в одинаковых условиях.

Реальные физические объекты кроме Логики устойчивости соответствуют и требованиям остальных Логик Природы, из-за чего редко имеют возможность строить свои конструкции чисто по простым симметриям. Да и простые симметрии, как будет показано дальше, конструктивно получаются более сложными, чем в предыдущей статье.

В сложных симметриях шары, физические источники векторов, могут опираться на шары одного, двух и трёх предыдущих слоёв, возможно разделение слоя на симметричные части, которые опираются по-разному на предыдущие слои. Всё это влияет на общий уровень устойчивости системы, но не существенно, так как уровень устойчивости системы определяется количеством и взаимным расположением векторов, и меньше зависит от того, где на векторах расположены шары.

Кроме того, в симметриях реальных физических объектов Природы в ограниченном количестве, (в одном слое или части одного слоя), встречается установка шаров на четыре или пять шаров предыдущих слоёв. Если это используется для неупругих, легко деформируемых, шаров, только там где без этого не обойтись, и в очень незначительном объёме всей системы, то общий уровень устойчивости системы понизится незначительно.

Такой случай в конструкциях атомов целесообразно рассматривать как использование системой четырёхточечных или пятиточечных посадочных мест, потому что эти места, как отдельные части входят в общую структуру основной трёхточечной симметрии атома. Но в центральной части вихря, по его оси, стыковка его составляющих частей осуществляется по многоточечным симметриям, и это целесообразно рассматривать как частичное наличие многоточечных симметрий устойчивости.

Следует подчеркнуть, что ни четырехточечной, ни пятиточечной, ни шести точечной симметрий, как симметрий устойчивости не существует, так как их устойчивость крайне низкая. Тем не менее, даже при исследовании трёхточечных симметрий уже будут появляться некоторые элементы этих многоточечных симметрий. Поэтому целесообразно эти многоточечные симметрии рассмотреть как симметрии устойчивости, для того чтобы знать их особенности и их связи с основной трёхточечной симметрией.

2. Четырёхточечная симметрия устойчивости

В четырёхточечной симметрии устойчивости каждый шар следующего слоя опирается на четыре шара предыдущего слоя, а каждый вектор следующего слоя находится между четырьмя векторами предыдущего слоя.

Четырёхугольник (квадрат) ABCD, используя его вершины, можно разделить по площади на два треугольники двумя способами, линией AC или линией BD (см. рис. 1). Поэтому при установке шаров на квадраты возникает неопределённость распределения их усилий на шары предыдущего слоя и устойчивость четырёхточечной симметрии существенно ниже, чем трёхточечной симметрии устойчивости.

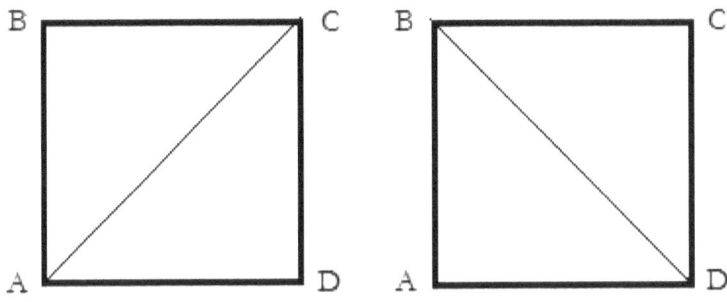

Рис 1. Четырёхугольник.

Соотношение между числами "n" и "m" четырёхточечной симметрии можно искать таким же образом, как и для трёхточечной, но проще найти его из формулы n = 2m − 4 для трёхточечной симметрии.

В трёхточечной симметрии для следующего слоя используются треугольные ямки между тремя шарами предыдущего слоя, а в четырёхточечной четырёхугольники, образованные четырьмя соседними шарами, и их всегда можно получить из двух треугольников между тремя шарами, если для образования четырёхугольников, брать по два треугольника с общей стороной, четыре шара которых образуют четырёхугольник. Поэтому посадочных мест для следующего слоя в четырёхточечной симметрии всегда в два раза меньше чем в трёхточечной симметрии. В трёхточечной симметрии n = 2m − 4 = 2(m − 2) количество посадочных мест (треугольников) следующего слоя всегда чётное независимо от чётности предыдущего слоя. Из-за этого треугольники трёхточечной симметрии всегда можно сгруппировать по 2 штуки, и получить четырёхугольники для четырёхточечной симметрии.

Таким образом:

$$p = \frac{1}{2} n = \frac{1}{2} (2m - 4) = m - 2$$
$$p = m - 2 \text{ или } m = p + 2,$$

где

p — число шаров в следующем слое четырёхточечной симметрии,

m — число шаров в предыдущем слое.

Исходя из основной формулы четырёхточечной симметрии p = m − 2 все её семейства сужающиеся. Каждый следующий слой на 2 шт. шаров меньший предыдущего. Поэтому получится только два сужающихся семейства. Семейство чётных и семейство нечётных чисел:

```
...12  10   8   6   4   2   0 − 2,
...     11   9   7   5   3   1 −1.
```

Оба эти семейства начинаются с больших целых чисел и заканчиваются числом 2 в чётном семействе, и числом 3 в нечётном. Дальше этих семейств нет, так как уже нет 4^x шт. шаров, на которые могли бы опереться шары следующего слоя. По формуле $p = m − 2$ их можно продлить до 0, −2 чётное, и до 1, −1 нечётное семейство, и убедиться в том, что дальше они вырождаются полностью.

Как пространственная, четырёхточечная симметрия вырождается несколько раньше. В чётном семействе число 2 это линейная симметрия, значит предыдущая симметрия 4 плоскостная, и её 4 шара находятся в плоскости и расположены по квадрату, поэтому чётное семейство как пространственная симметрия существует только до числа 6.

В нечётном семействе число 3 это плоскостная симметрия, и шары этого слоя образуют плоский треугольник. При этом каждый из них должен опираться на четыре шара предыдущего слоя 5. Таким образом, как пространственная, четырёхточечная симметрия устойчивости в нечётном семействе существует только до $5^{\text{ти}}$ векторов. Шары этих векторов расположены следующим образом: представим сферу, выделим на ней две диаметрально противоположные точки и назовём их полюсами, на экваторе симметрично расположим три точки, и в каждую из точек установим шары. Это и есть пространственная симметрия S 5. Она не идеальная. Как будет показано далее, идеальная симметрия устойчивости возможна только для чисел 4 и 8. Но объекты Природы состоят из разного количества составляющих. В трёхточечной симметрии на эти 5 шаров устанавливаются 6 шаров, каждый из которых, опирается на шар одного из полюсов и на два шара, расположенные по экватору. В четырёхточечной симметрии на эти 5 шаров устанавливаются 3 шара, и каждый из них опирается на шары обеих полюсов и на два экваториальных шара.

3. Пятиточечная симметрия устойчивости.

В пятиточечной симметрии устойчивости каждый шар следующего слоя опирается на пять шаров предыдущего слоя, а каждый вектор следующего слоя находится между пятью векторами предыдущего слоя.

Пятиугольник ABCDE, рис. 2, используя его вершины, можно разделить по площади на три треугольника пятью способами, если за основную точку разделения последовательно брать точки A, B, C, D, E. Поэтому при установке шара на пятиугольник, распределение его усилий на шары предыдущего слоя будет ещё более неопределённым чем в четырёхточечной симметрии.

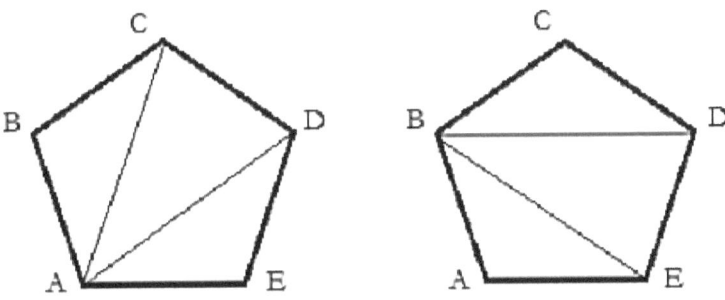

Рис. 2. Пятиугольник.

Учитывая то, что пятиугольник можно разделить на $3^{\text{ри}}$ треугольника, найдём основную формулу пятиточечной симметрии, разделив основную формулу трёхточечной симметрии на 3. Таким образом:

$$p = \frac{1}{3} n = \frac{1}{3} (2m - 4) = \frac{2}{3} (m - 2) = \frac{2}{3} m - \frac{4}{3}$$

$$p = \frac{2}{3} (m - 2)$$
$$3p = 2m - 4$$
$$2m = 3p + 4$$
$$m = \frac{3}{2} p + 2$$
$$m = \frac{3}{2} p + 2,$$

где

p — число шаров в следующем слое пятиточечной симметрии,

m — число шаров в предыдущем слое.

Составим таблицу значений "p" для некоторого количества значений "m", $p = \frac{2}{3} (m - 2)$.

Таблица 1. Пятиточечная симметрия устойчивости.

m	$p = \frac{2}{3}(m - 2)$	p
0	2 /3 (0 – 2) = 2 / 3 (–2)	– 4 / 3
1	2 /3 (1 –2) = 2 / 3 (–1)	– 2 / 3
2	2 /3 (2 – 2) = 2 / 3 (0)	0
3	2 /3 (3 – 2) = 2 / 3 (1)	2 / 3
4	2 /3 (4 – 2) = 2 / 3 (2)	4 / 3
5	2 /3 (5 – 2) = 2 / 3 (3)	2
6	2 /3 (6 – 2) = 2 / 3 (4)	8 / 3
7	2 /3 (7 – 2) = 2 / 3 (5)	10 / 3
8	2 /3 (8 – 2) = 2 / 3 (6)	4
9	2 /3 (9 – 2) = 2 / 3 (7)	14 / 3
10	2 /3 (10 – 2) = 2 / 3 (8)	16 / 3
11	2 /3 (11 – 2) = 2 / 3 (9)	6
12	2 /3 (12 – 2) = 2 / 3 (10)	20 / 3
13	2 /3 (13 – 2) = 2 / 3 (11)	22 / 3
14	2 /3 (14 – 2) = 2 / 3 (12)	8
15	2 /3 (15 – 2) = 2 / 3 (13)	26 / 3
16	2 /3 (16 – 2) = 2 / 3 (14)	28 / 3
17	2 /3 (17 – 2) = 2 / 3 (15)	10
18	2 /3 (18 – 2) = 2 / 3 (16)	32 / 3
19	2 /3 (19 – 2) = 2 / 3 (17)	34 / 3
20	2 /3 (20 – 2) = 2 / 3 (18)	12
21	2 /3 (21 – 2) = 2 / 3 (19)	38 / 3
…	…….	…..

Из таблицы видно, что целые значения p = 0, 2, 4, 6, 8, 10, 12…. получаются только при определённых значениях m = 2, 5, 8, 11, 14, 17, 20…. Остальные значения p дробные. Это из-за того, что, соответствующие им числа m образуют числа треугольников не кратные числу 3, и на этих m невозможно построить следующий слой по пятиточечной симметрии.

Так как пятиточечная симметрия неустойчива, и в реальных объектах Природы используется крайне ограничено, то подробно исследовать её нецелесообразно. Можно сказать только следующее:

как видно из таблицы, непрерывных семейств она не образует, а только куски по несколько слоёв в каждом —

$5 \to 2 \to 0$; $23 \to 14 \to 8 \to 4$; $11 \to 6$; $17 \to 10$;

$77 \to 50 \to 32 \to 20 \to 12$

и тому подобные. Далее эти кусковые симметрии вырождаются через дробные симметрии.

Минимальное число шаров в пятиточечной симметрии 5 штук в плоскости, на которые устанавливаются 2 шара по обеих сторонах плоскости. Следующее число шаров 8 штук, (по вершинам куба).

Теоретически на эту конструкцию по пятиточечной симметрии можно установить 4 шара (см. табл. 1). Они будут стоять каждый на очень деформированном пространственном пятиугольнике.

Пятиугольник $8 \to 4$ (ABCDE) состоит из грани куба ABDE и половины соседней грани BCD, развёрнутой относительно первой на угол 90°. На рис. 3 эта половина грани BCD повёрнута вокруг ребра куба BD в одну плоскость с гранью ABDE. Если для пятиточечной симметрии количество шаров в одном слое брать больше, то пятиугольники будут получаться всё более симметричны, и для $20 \to 12$ в сфере слоя 20 получится 12 штук плоских симметричных пятиугольников.

Исходя из основных зависимостей пятиточечной симметрии, можно сказать, что она сужается, при этом быстрее, чем четырёхточечная, так как в ней число шаров в следующем слое на одну треть меньше чем число шаров в четырёхточечной симметрии $(m - 2)$ для одного и того же "m".

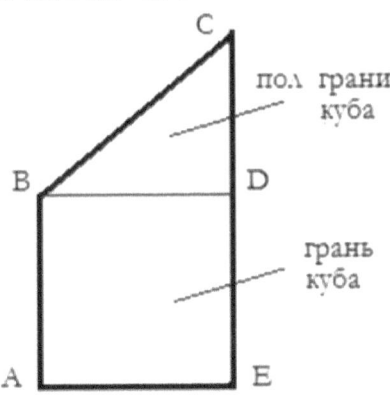

Рис. 3. Симметрия 8->4.

4. Шести точечная симметрия устойчивости.

В шести точечной симметрии устойчивости каждый шар следующего слоя опирается на шесть шаров предыдущего слоя, а каждый вектор следующего слоя находится между шестью векторами предыдущего слоя.

Шестиугольник ABCDEF, используя его вершины, можно разделить по площади на $4^{\text{ре}}$ треугольника, линиями AC, AD, AE шестью способами, если кроме точки A, аналогично использовать ещё и точки B, C, D, E и F. Кроме того есть ещё два способа: линиями BD, AE и AD, или линиями BD, AE и BE. Вместо линии BD могут быть линии CE, DF, EA, FB и AC. Всего способов 2 × 6 = 12. Учитывая симметричность шестиугольника, и повторение линий, его можно разделить три раза, значит всего способов шесть. А с учётом первых шести в сумме 12 способов.

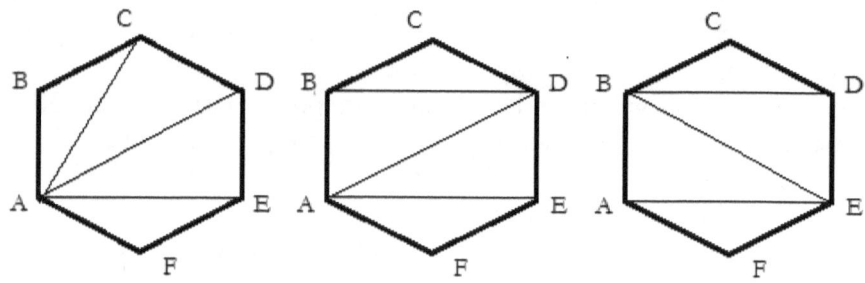

Рис. 4. Шестиугольник.

Таким образом, шар, установленный на шестиугольник, будет стоять ещё менее устойчиво, чем на пятиугольнике.

Исходя из того, что шестиугольник можно разделить на четыре треугольника, найдём основную формулу шести точечной симметрии, разделив основную формулу трёхточечной симметрии на 4.

Таким образом:

$$p = \frac{1}{4}n = \frac{1}{4}(2m - 4) = \frac{1}{2}(m - 2) = \frac{1}{2}m - 1$$

$$p = \frac{1}{2}(m - 2).$$
$$2p = m - 2$$
$$m = 2p + 2 = 2(p + 1)$$
$$m = 2p + 2,$$

где

p — число шаров в следующем слое шести точечной симметрии,

m — число шаров в предыдущем слое.

Из основных зависимостей шести точечной симметрии, вытекает, что она сужается, при этом ещё быстрее, чем пятиточечная, так как в ней число шаров в следующем слое равно только половине числа шаров в четырёхточечной симметрии (m – 2) для одного и того же "m". Составим для шести точечной симметрии таблицу значений "p" для некоторого ряда значений "m", $p = \dfrac{1}{2}(m-2)$.

Таблица 2. Шести точечная симметрия устойчивости.

m	$p = 1/2\,(m-2)$	p
0	1 /2 (0 – 2) = 1 / 2 (—2)	— 1
1	1 /2 (1 – 2) = 1 / 2 (—1)	— 1 /2
2	1 /2 (2 – 2) = 1 /2 (0)	0
3	1 /2 (3 – 2) = 1 /2 (1)	1 /2
4	1 /2 (4 – 2) = 1 /2 (2)	1
5	1 /2 (5 – 2) = 1 /2 (3)	3 /2
6	1 /2 (6 – 2) = 1 /2 (4)	2
7	1 /2 (7 – 2) = 1 /2 (5)	5 /2
8	1 /2 (8 – 2) = 1 /2 (6)	3
9	1 /2 (9 – 2) = 1 /2 (7)	7 /2
10	1 /2 (10 – 2) = 1 /2 (8)	4
11	1 /2 (11 – 2) = 1 /2 (9)	9 /2
12	1 /2 (12 – 2) = 1 /2 (10)	5
13	1 /2 (13 – 2) = 1 /2 (11)	11 /2
14	1 /2 (14 – 2) = 1 /2 (12)	6
15	1 /2 (15 – 2) = 1 /2 (13)	13 /2
16	1 /2 (16 – 2) = 1 /2 (14)	7
17	1 /2 (17 – 2) = 1 /2 (15)	15 /2
18	1 /2 (18 – 2) = 1 /2 (16)	8
19	1 /2 (19 – 2) = 1 /2 (17)	17 /2
20	1 /2 (20 – 2) = 1 /2 (18)	9
21	1 /2 (21 – 2) = 1 /2 (19)	19 /2
22	1 /2 (22 – 2) = 1 /2 (20)	10
23	1 /2 (23 – 2) = 1 /2 (21)	21 /2

24	1 /2 (24 – 2) = 1 /2 (22)	11
25	1 /2 (25 – 2) = 1 /2 (23)	23 /2
26	1 /2 (26 – 2) = 1 /2 (24)	12
27	1 /2 (27 – 2) = 1 /2 (25)	25 /2
28	1 /2 (28 – 2) = 1 /2 (26)	13
29	1 /2 (29 – 2) = 1 /2 (27)	27 /2
30	1 /2 (30 – 2) = 1 /2 (28)	14
…	…….	…..

Как видно из приведенной таблицы шести точечная симметрия нечётных чисел вырождается в дробную симметрию, а для чётных чисел образует ряд семейств, которые тоже, в конце концов, вырождаются через нечетные числа и через дробные симметрии. Эти семейства можно объединить в следующую таблицу:

→ 30 → 14 → 6 → 2 → 0 → —1

→ 22 → 10 → 4 → 1

→ 18 → 8 → 3

→ 26 → 12 → 5

→ 16 → 7

→ 20 → 9

→ 24 → 11

→ 28 → и так далее.

Приращение, а точнее убывание ($\alpha = p_{i-1} - p_i$), в каждом семействе своё, но все они убывают по геометрической прогрессии с коэффициентом к = 2. Так в первом (по таблице) семействе убывание …16, 8, 4, 2, 1; во втором — …12, 6, 3; в третьем — … 10, 5; и так далее. Минимальное количество шаров в шести точечной симметрии устойчивости 6 шт. и установлены они в одной плоскости. На них устанавливается 2 шт. шаров с обеих сторон плоскости. Так что, по первому семейству шести точечная симметрия, как пространственная существует только до числа 14, дальше она становится плоскостной, (число 6), и ещё дальше линейной, (число 2), а потом вырождается. Во втором семействе она пространственная до числа 10, потом плоскостная, но уже преобразована в четырёхточечную, (число 4), и дальше вырождается. В третьем семействе она пространственная до числа 8, дальше плоскостная, но трёхточечная, (число 3), и ещё дальше вырождается через дробные симметрии. В четвёртом и последующих семействах шести точечная симметрия, как пространственная шести точечная симметрия существует до последнего по семейству числа, а дальше вырождается через дробные симметрии. При этом, последние в семействе нечётные числа, уже не являются сами по себе шести точечными симметриями, а какими-то другими, хотя сами опираются на шесть шаров предыдущего слоя.

5. Выводы.

Четырёх, пяти и шести точечные симметрии, если их рассматривать как симметрии устойчивости, все сужаются. При этом четырёхточечная симметрия сужается незначительно (последовательность чётных и нечётных чисел). Пятиточечная сужается быстрее, а шести точечная сужается ещё быстрее, приближённо с коэффициентом к = 2.

С расчёта и таблиц симметрий видно, что наиболее близкой к устойчивой трёхточечной симметрии устойчивости является четырёхточечная симметрия. Следует обратить внимание на её переход 8 → 6 в чётном семействе. Он является обратным переходу 6 → 8 в первом семействе основной трёхточечной симметрии устойчивости. Это свойство четырёхточечных симметрий является очень важным при расчёте конструкций тетраэдрических симметрий.

Другим важным свойством симметрий является то, что четырёх, пяти и шести точечные симметрии все состоят из треугольников. Они не равносторонние и на них невозможно устанавливать шары вместо одного, предусмотренного симметрией, так как они упрутся один в другой. Кроме того, взаимное их расположение не определено, и их вектора не согласуются с общей симметрией системы. Но в динамическом режиме, система с определённым уровнем свободы, имеет возможность деформировать свои составные части, в том числе и симметрии, если они присутствовали в системе.

Многоточечные симметрии при определённом направлении деформаций, могут преобразовывать свои многоугольники в равносторонние треугольники, тем самым содействовать преобразованию неустойчивой системы в устойчивую. Направления усилий, необходимые для преобразования многоугольников в треугольники, и поддержания системы в устойчивом состоянии, будут исследованы при рассмотрении топологии вихрей.

Литература

1. Значение слова "Симметрия (в математике)", Большая Советская Энциклопедия, http://bse.scilib.com/article102210.html
2. Вигнер Е., Этюды о симметрии. Перевод с английского Ю. А Данилова под редакцией Я. А. Смородинского. Изд. «Мир» Москва.1971.
3. Вейль Герман (Hermann Weyl). Симметрия. Перевод с английского Б. В. Бирюкова и Ю. А. Данилова под редакцией Б. А. Розенфорда. М., Наука, 1968.
4. Неплюй В.И. Логика устойчивости. Векторная симметрия устойчивости. Изд. «DNA», printed in USA, ISSN 2225-6717, Lulu Inc., ID 14268873, Россия-Израиль, 2013, вып. 24, ISBN 978-1-304-66049-7.

Серия: **ПСИХОЛОГИЯ**

Бондарь А.В.

Модель сознания

Аннотация

Предлагается модель сознания в виде полной системы. Приводятся уравнения полной системы и их модельное решение. Обсуждаются свойства модели.

Оглавление

1. Введение

Грубо говоря, сознание - это знание субъекта о самом себе. Однако, сознание, как знание субъекта о самом себе, не может проявляться в чистом виде, без знания об объектах внешних по отношению к субъекту, поскольку в таком случае оно, это знание, схлопывается в само себя. Чистое знание субъекта о себе - это подсознание , "вещь в себе", суть скрытая сама в себе, не доступная наблюдению извне. Знание субъекта о самом себе всегда сопряжено со знанием об окружающем мире, именно поэтому речь идет о сопряженном знании - сознании.

С другой стороны, сознание не может быть зеркальным отражением действительности, так как сознание это знание об окружающем мире с уже включенным знанием субъекта о самом себе, как части окружающей действительности. Такая связь может появиться только в результате многочисленных итераций и тем самым существенным свойством сознания является условия такого стабильного итерационного взаимодействия субъекта и его окружения.

Равновесие между этими двумя теоретически возможными формами восприятия действительности, зацикленной и зеркальной, как суть сознания, и дает структуру сознания и проверяемые параметры абстрактного субъекта.

2. Модель

В этом тексте предлагается моделировать сознание полными системами.

Полными системами называются системы, которые включают в себя процедуру верификации знаний. В полных системах возникает проблема соотношения всей системы и процедуры верификации похожая на проблему соотношения субъекта и действительности в сознании. В объективном знании процедура верификации всегда является внешней, по отношению к объекту знания. Именно поэтому можно выделить предметные знания связанные исключительно с объектом знания, обеспечить объективность самого знания, как отделение знания от субъекта. В полных системах такое разделение не возможно и, соответственно, те знания, которые можно верифицировать/сгенерировать с помощью процедуры верификации, не представляют собой одновременно и "чистой" системы и "чистой" процедуры верификации, поскольку процедура верификации принадлежит этой системе и является, соответственно, элементом этой системы и, тем самым, обычным знанием, принадлежащим этой системы. При этом процедура верификации, с одной стороны, может замыкаться сама на себя и, с другой стороны, процедуру верификации нельзя представить линейными результатами действия этой процедуры, поскольку тогда в нем не будет само замыкания этой процедуры. Таким образом суть модели состоит в устойчивом многократном взаимодействии этой процедуры и данных верификации, разрешающих конфликт замыкания процедуры верификации знаний на саму себя. Такая похожесть существенных свойств сознания и полных систем дает надежду что модель будет вполне себе адекватной.

3. Уравнения

В качестве математической модели полной системы и, тем самым, математической модели сознания, мы возьмем модель устойчивых финансов из текста [1]. Как было показано, система Форекс, являясь по замыслу полной системой, де факто таковой не является, в силу свойств представления, что в более общем случае утверждает теорема Гёделя. Было предложено перейти от скалярных финансов к многомерным, по аналогии перехода от классической механики к квантовой. Поскольку неустойчивость атома в классической механики можно рассматривать как аналогию неустойчивости системы Форекс в плане самозамыкания характерного для полных систем. Для удобства повторим основное уравнение этой модели.

$$trsn(a,b) = 1. \tag{1}$$

В этой модели trsn обозначает нормированную транзакционную сумму, которая совпадает с выражением корреляции с точностью до сопряжения, нормированную на модули векторов a и b. a и b тут многокомпонентные величины $a = (a1,a2, ..., an)$ $b = (b1,b2, ...,bn)$, которые предлагалось вводить вместо скалярных денег $trs(a,b) = a(k) b(k)$, где a и b это валюты с соответствующими компонентами $a(k),b(k)$ и суммированием по индексу к. Операция сопряжения $a(k) = -a(k)$. Мы будем пользоваться нормированной суммой $trsn(a,b) = trs(a,b)/|a| |b|$ где $|a|$ и $|b|$ соответствующие длины векторов,определенные обычным способом как корень квадратный из суммы квадратов компонент.

Качественные свойства уравнения репликации.

Уравнение (1), в своей качественной основе, определяет нечто подобное подбору ключа к существующему замку или подбор одного в рнк к другому рнк в цепи днк, по сопряженным геномам. В приложении к экономики выполнение условий, которые описываются уравнением (1), качественно означает что каждое производство должно иметь свой спрос и наоборот.

Кроме экономики, это уравнение, по всей видимости, достаточно хорошо описывает ДНК, в которой каждому геному прикреплен свой комплиментарный геном. Другой областью применимости можно назвать психологию, или точнее ее практической части нейролингвистическое программирование (нлп). В частности, это уравнение описывает состояние раппорта - базовое понятие нлп, суть которого заключается в максимальной корреляции компонент состояний двух субъектов, что и выражает уравнение (1). Вполне возможно и другие области где применимо это уравнение. Предположительно, это уравнение описывает в общем живые системы.

4. Симметрия, метадинамика, физика живых систем

Не трудно заметить, что это уравнение представляет собой условие симметрии в локальном виде, то есть при взаимодействии элементов a и b возникает по компонентное сопряжение, что по сути и является симметрией. Интегральное решение этого уравнения, в свою очередь, определяет интегральную симметрию этой системы, соответственно сопутствующие инварианты, взаимодействия цепочки объектов, и динамику, с соответствующими интегралами. Таким образом уравнение (1) представляет собой обобщенную динамику, которую можно обозначить как метадинамику, имея под этим ввиду уравнение для локальной симметрии, которая в свою очередь будет определять глобальную симметрию масштаба системы и соответствующую динамику. В этом плане это уравнение представляет обобщенный физический подход ,который можно применить к изучению живых систем. А само уравнение (1) представляет собой, в этом плане, обобщение аксиом Ньютона, с тем отличием что динамика базируется не на существующей глобальной симметрии пространства и времени, а сначала должна возникнуть в системе согласно решению уравнения (1) и потом уже будет определять динамические параметры системы согласно этой симметрии масштаба системы. Которая тем не менее может измениться при внешних воздействиях на систему.

Стоит отметить, что качественно, свойства уравнения (1) несколько отличаются от изначальной установки, из которой они были получены: получение полной стабильной системы из арифметической системы форекс. А именно, уравнение (1) описывает не просто процедуру проверки знаний, как разделение нечто существующего на ложного и правильного, а процедуру генерации знаний, именно тех знаний которые представляет собой суть субъекта. В этом плане их можно назвать уравнениями согласия, имея ввиду, что согласие, как локальное согласование, так же способствует возникновению глобальных инвариантов, возникновению знаний как сущности соответствующего субъекта, возникновение глобального, в масштабе субъекта, смысла. Возникновение предсказуемого и целесообразного поведения субъекта, как его смыслового содержания.

Причем наличие такого смысла субъекта не присуще субъекту изначально, как некая всеобщая глобальная симметрия привнесенная извне, а является результатом его действий, по созданию локального согласия ведущего к возникновению глобального, в масштабах субъекта, смысла.

Таким образом, суммируя вышесказанное, как бы это не звучало парадоксально, уравнение (1) является уравнением смысла субъекта и тем самым смысла жизни, в рамках предлагаемой модели.

5. Модельное решение уравнения (1)

Что бы получить параметры предлагаемой модели в явном виде, рассмотрим модельное решение уравнения (1).

Как уже упоминалось, это уравнение возникло в контексте рассмотрения устойчивой экономики, но так же может иметь и другие области применимости. Однако мы остановимся на экономической области, поскольку в ней наиболее очевидной является представимость знаний в виде валют и товаров. Уравнение в общем же виде можно интерпретировать как познание познания, что не совсем удобно, поскольку хоть и явно обозначает суть явления и удобно для обобщений, но не имеет удобного представления.

Общий принцип построения полной системы - это устойчивое самозамыкание, равновесное с внешним миром. Самозамыкание по сути осуществляет самоконтроль и верификацию знаний в системе и одновременно является симметрией, определяющую предсказуемую динамику системы. Единственным ресурсом системы изначально являются только взаимные связи элементов системы и ничего больше, которые могут быть либо согласующими или конфликтными, соответственно целыми или разорванными. Разорванные связи осуществляют связь с внешним миром. Таким образом система формулируется на метауровне, который формирует пространство системы, как пространство отношений элементов системы, из которого потом строится симметрия и соответствующая предсказуемая динамика. Метауровень в данном случае относится к тому факту, что формулируются не сами закономерности, а среда, пространство, где они возникают.

Уравнение 1 можно решать как снизу вверх, так и сверху вниз. При решение сверху вниз необходимо рассматривать все товарно денежные потоки системы, опускаясь с помощью уравнения к состоянию и связям отдельных элементов системы. При решении снизу вверх, необходимо рассматривать взаимодействие отдельных элементов системы, получая свойства всей системы.

Рассмотрим решение снизу вверх. При этом не будем решать уравнения в явном виде, а воспользуемся приближением есть связь или нету. Такое приближение хорошо работает в многомерных системах и используется на практике, например в голографии.

Минимальная система, при этом, состоит из двух элементов. Мы будем считать что связь между этими элементами обладает свойствами симметрии и рассмотрим инварианты этой симметрии при увеличении числа элементов.

Три элемента: в такой конфигурации существуют три связи между тремя элементами. Причем связи межу этими тремя элементами образуют уже интегральную симметрию этой системы из трех элементов, которая образуется из локальных симметрий определяемых связями между элементами, то есть локальными, которые описываются уравнением (1). Эта интегральная симметрия циклическая. Наличие интегральной симметрии и есть знания субъекта и одновременно знания о субъекте, точнее о его структуре, о структуре его знаний. Возникновение интегральной симметрии в масштабе системы и есть ключевой момент модели.

Четыре элемента: всех связей в системе из 4х элементов 6. Причем существуют два способа, при которых все элементы соединяются между собой в циклическую цепочку. Если разорвать диагональные связи, то тогда остается единственный способ, при котором элементы соединяются между собой. Вдоль пути обхода, который образуют эти связи, образует так же глобальную симметрию. Разрывание связей соответствует образованию единственной симметрии, которой подчиняется система и, соответственно, единственной динамики этой системы. Кроме того, появление открытых связей, разрешает самозамкнутость полной системы и дает возможность соединять систему с другими системами, делает полную систему похожей на логическую. Разорванные связи представляют собой конфликт между элементами и одновременно альтернативы развития системы.

Пять элементов: Если в этой системе так же разорвать диагональные связи, как это было сделано в системе из четырех элементов, получим систему в которой число разорванных связей равно числу связей, которые образуют внутреннюю симметрию. а именно имеем 5 связей целых и 5 разорванных. Это состояние равновесия отличает систему с 5 объектами от всех остальных. Поэтому можно предположить что возникая в виде парадокса, полные системы развиваются до равновесных 5 объектных систем. Разорванные связи можно использовать для внешних соединений этой системы с другими подобными системами, рассматривая ее уже как базовый элемент системы более высокого порядка.

Шесть элементов: в такой системе только 6 связей внутренних и разорванных 9 диагональных связей. Такая система хоть и содержит в себе свойства полной системы, в виде самозамкнутости, но она уже ближе к арифметической системе, нежели система с 5 объектами, свойственной ей неустойчивостью, соответственно такая система неустойчива. То есть меняя количество элементов, можно менять свойства системы от замкнутой (3х объектной) до более похожей на арифметическую (6ти и более объектную)

Такое решение является конечно же модельным, то есть качественным. Точное решение уравнения (1) конечно же будет на много сложнее.

6. Уровне-устойчивые системы

Рассмотрим рекурсивную систему состоящую из ячеек построенных по вышеописанным правилам. Ячейка состоит из N элементов. Существует только один способ обхода всех элементов, то есть существует только одна симметрия масштаба элемента, и соответственно есть N внутренних связей. Остальные связи N (N-3)/2 разорваны и являются внешними. Для того что бы система была уровне-стабильной необходимо что бы элемент системы имел столько же внешних связей как и вся система. Из этого требования можно записать уравнение: N (N-3) = (N -1). получаем уровне-стабильная система это система с N= 3.7, то есть с наиболее близким числом элементов равным 4. Однако такая система не имеет внешних связей. Поэтому, если мы половину связей направим на построение рекурсивной структуры, а половину на внешние связи то получи уравнение N (N-3)/2 = (N -1). Решение этого уравнения N = 4.56. Таким образом уровне-стабильная система с внешними связями состоит из структур с числом объектов 4 и 5.

Равенство внутренних связей и число разорванных, используемых для внешних соединений, позволяет получить уровне-стабильную систему, то есть систему иерархическую, которая, тем не менее, на любом уровне строится по тем же самым правилам.

7. Свойства решения.

В отличии от арифметических систем полные системы имеют структуру и соответствующие этой структуре свойства. Перечислим соответствующие свойства.

Полные системы описывают подсознание: 3Х объектные замкнутые системы. Содержание подсознания не проявляется никак, поскольку является самозамкнутым без внешних связей. И только тогда, когда структуры развиваются до имеющих внешние связи, они могут быть восприняты. Этот момент связан с всплыванием неких идей и состояний из "неоткуда", из подсознания.

Полные системы описывают смерть: системы с оъектностью более 5 становятся неустойчивыми. Будем считать средним временем жизни субъекта время развития системы до 5 объектной полной системы. При этом получается что это время равно примерно 80 временам развития одной связи. Например если для человека принять характерное время в один год то среднее время жизни будет равно 80 годам. Хоть это и спекулятивная оценка, но она похожа на правду.

Число геномов 4. Как известно, наиболее эффективная система для хранения информации, это система счисления с основанием равным 3. То есть, если бы ДНК использовались только для хранения информации, то число геномов было бы равно 3. То что число геномов равно 4, позволяет предположить что ДНК является минимально открытой полной системой и тем самым образом имеет каналы восприятия информации и самоизменения в соответствии внешнему воздействию. Известны эксперименты, подтверждающие передачу информации, накопленной индивидумом в процессе жизни, по наследству.

Суицид. Неустойчивость равновесной системы представляет собой вероятность самоуничтожения и равно 3 процентам. Это вероятность отказа равновесной 5 объектной структуры при предположении вероятности отказа базовых элементов 50 процентов.Это близко к наблюдаемым величинам.

Спектр самоуничтожения. Разумно предположить, что проявления разрушения 5 объектной системы определяется свойствами 4х объектной системы и идет по двум каналам, которые соответствуют целым и разорванным связям, то есть идут в соотношении 1 к 2. Соответственно имеется соотношение случаев 1 к 2 то есть 2.2 (1/48) и 1.1 процентов(1/(32 3)). вероятность 1.1

процента близка к вероятности шизофрении, которая вполне может претендовать на системную болезнь саморазрушения мышления.

Социальный суицид. Суицид предполагает полное разрушение системы сознания. Социальный суицид это предыдущее состояние, это состояние минимально возможное. Это состояние в котором в 5 объектной системе разрушено 4 элемента, вероятность такого события 1/16. то есть, например, 16 это максимальный уровень эксплуатации, который способен выдержать субъект. Принятие большей эксплуатации равнозначно, в предлагаемой модели, социальному саморазрушению субъекта, что, естественно, субъект стремится избежать и самым естественным способом это можно сделать является отказ от социальной системы. В частности повышение уровня эксплуатации является естественным способом повышения эффективности общественной системы уровня труда. Однако, начиная с уровня эксплуатации равного 16 она, в силу социального разрушения субъекта, отказа от социальной системы, начинает падать. Если записать это в виде уравнения, мы получим уравнение Вольтера, которое описывает систему кролик волк и которое предсказывает наличие волнообразных процессов численности популяции. Таким образом, полные системы обьясняют существование экономического кризиса и позволяют его описывать. В арифметических системах, в силу их бес структурности, не возможно ввести структуру субъекта, соответственно иметь какие либо характеристики субъекта.

8. Дополнительная неопределенность в полных системах

Полным системам присуща неопределенность подобная квантовой неопределенности или, может быть точнее, многомерным системам. когда состояние описывается многомерным вектором. Сам принцип неопределенность Шредингера является общим свойством многомерных систем вообще и фурье систем в частности.

Многомерность же необходима для задания содержательного равенства начального и конечного состояния цикла самозамкнутости. В одномерных системах тоже можно задать равенство начального и конечного состояния, но оно не будет содержательным, потому что его не возможно выполнить.

В полных системах возникает, кроме того, другой тип неопределенности, который противопоставленная логике, достижению прямой цели, поскольку полные системы содержат устойчивое замыкание системы смой в себя, в виде соотношения причины и следствия.

Полные системы описывают ситуации взаимного отношения причины и следствия, определяемого и определяющего, как соотношение системы знания и процедуры ее верификации, что может встречаться в соотношение общего и целого, как соотношение общества и человек, так же в соотношениях временных и пространственных. Эта существенно отличается от объективных систем, где существует только прямая связь от причины к следствию, а обратной не существует.Например, в физике для определения свойств газа достаточно знать свойства его составляющих молекул, но свойства молекул существуют изначально и не зависят от состояния газа, то есть всей системы. Для субъекта это не так. Человек и общество соотносятся диалектически друг с другом: человек определяет общество, а общество определяет человека. Такое диалектическое соотношение системы и ее части может схлопываться само в себя, когда, например, часть общества, диалектически противопоставленное индивидууму, уменьшается в численном представительстве приближаясь в своих свойствах к отдельному человеку. С другой стороны такое диалектическое соотношение может разрешаться в логику, когда поведение каждого члена общества долженствуется некими логическими правилами, законом и ничего общего с диалектикой не имеет. В предлагаемой модели субъект описывается структурой равновесной, то есть в которой уравновешены внутренние и внешние связи, что соответствует равновесию диалектики и логики.

В своей сути полные системы это, видимо, самая общая схема познания, некая метадинамика, общая схема рефлексии, изначальная схема познания, как познание познания. Как некая абстрактная схема, которая может вырождаться и в логику и существовать в виде чистой диалектики, триалектики, как вещь в себе, как подсознание. Но модель субъекта представляется как равновесием между логикой и диалектикой, как равновесие между внешним устройством мира и структурой его внутреннего воспроизведения субъектом.

9. Альтернативные модели сознания.

В этом моменте удобно сравнить предлагаемую модель сознания и те, которые используются обычно в наше время. Обычно используются одномерные модели. Прототип берется из современного устройства экономики из понятия выгодности: если субъекту что то выгодно, то он это делает, если не выгодно, то не делает. При этом возникают понятия локального равновесия аналогичные понятию "справедливой цены", то есть существованию некой арифметической величины определяющей порог выгодности или невыгодности той или иной тактики, как арифметическое среднее из существующих оценок ,такие названия обманы. Справедливость относится к наличию неких глобальных закономерностей. Но наличие локального равновесия никак не гарантирует наличие какой либо связи между локальными явлениями, наличия какой либо глобальной закономерности между этими локальными явлениями и тем самым существования какой либо "справедливости".

Теорему Гёделя можно интерпретировать как утверждение о невозможности существования глобальных адекватных закономерностей в одномерных системах, возникающих из понятия выгодности. Как следствие, в арифметических моделях сознания невозможна структура субъекта. И тем самым явно обещая "справедливую" оценку, как адекватный ориентир для действий субъекта, такие модели по существу являются разрушителями субъекта.

К арифметическим моделям сознания стоит отнести не только модели явно арифметические модели, типа представления о выгодности, современную финансовую модель, но так же и большинство известных правил долженствующих поведение субъекта, таких как законы, поскольку логика с точки зрения математики это так же арифметика и к ней так же приложима теорема Гёделя.

Арифметические модели хорошо работают в области неживой природы, при оценке тех или иных явлений из неживой природы или оценки деятельности субъекта по отношению к неживой природе. Но их часто необоснованно расширяют до оценки самого субъекта, что является ошибкой.

Арифметические модели хорошо описывают диссипативные процессы, которые бес сомнения существуют и проявляются в деятельности любого субъекта. Без них невозможно существование никакого субъекта. Однако основой субъекта являются созидательные процессы, процессы связанные с возникновением нового, что в арифметических моделях невозможно выразить в силу их морфологической бедности, бедности выразительных средств, что по сути и выражает теорема Гёделя.

Теория эволюции Дарвина

Интересной в этом плане является теория эволюции Дарвина. В этой модели во главу угла ставится конкуренция, соревнование - по сути диссипативный процесс системного уровня, а созидательные процессы относятся к уровню личности, элемента системы и возникают новые явления в этой модели совершенно случайно, если их рассматривать на уровне системы. Однако, очевидно , что без равновесия созидательных и соревновательных процессов на одном и том же уровне, на системном уровне, устойчивое функционирование системы невозможно. Тем самым без формализованной созидательной процедуры работа системы становится неустойчивой. Вторым большим недостатком этой парадигмы, который можно увидеть из предлагаемой модели, это возможность больших скачков, которые существуют в сетевых структурах, наподобие квантовых скачков, которые не могут быть отражены в виде последовательных шагов от одного состояния к другому. Это чревато не только тем, что исследования организованные в соответствии этой гипотезы в принципе не могут объяснить возникновение глобальных скачков в развитии, типа возникновения разума, но и так же системы организованные в соответствие с этой гипотезой будут отфильтровывать большие качественные изменения, назревшие в системе, что, соответственно, будет приводить к крушению системы и ее существенному регрессу. В наше время это особенно актуально, поскольку возрастающая глобализация, лишает возможности расширительного развития всего общества и требует возникновения качественно иных механизмов развития, нежели линейных расширительных. В таком виде теория эволюции Дарвина, как суррогат объяснения механизма развития может сыграть достаточно отрицательную роль.

10. Свойства модели, сопряженные с философией.

Теоретическая конструкция, которая претендует на объяснение сознания, естественным образом претендует на объясненй явлений жизни, как таковых. поскольку мышление в общем и сознание в частности является высшей формой проявления жизни. В такой форме познания жизни, максимально самозамкнутой в виде познания познания, сосредоточены все противоречия максимально. Как мы можем познавать что то, если не знаем что такое познание? В предлагаемой модели этот парадокс воплощается в виде симметрии: знание это симметрия, мы можем знать только то, что повторяется, в том или ином пространстве. Это чисто физический подход и он избавляет от сложных философских рассуждений. Познание познания, как суть самого познания, как суть жизни, не разрешается в логику, оно остается устойчиво самозамкнутым и только принимает различные формы в согласии с инвариантами симметрии между мышлением познающим и мышлением познаваемым. Мышление, жизнь не познаваемы в формах логики, самозамкнутость может лишь частично раскрыться, обретая потенцию взаимодействие с внешним миром, как некое подобие логики, но парадокс, как основа жизни остается всегда. Такая конструкция, как философия самопознания, философия субъективного, это довольно сильное противопоставление объективному познанию. Но она позволяет получить представления о структуре субъекта в виде общих категорий: подсознания, рождения, смерти и численные соотношения этих явлений.

Полные системы, как способ построения систем вообще и как способ примененный к построению системы знания, то есть философский принцип, противопоставляет себя объективному методу познания.

Пяти элементная структура, предлагаемой модели, может считаться неким эталоном "объективности" субъективного знания. Если мы имеем знания о неживой природе, то условием объективности этого знания, является возможность его многократного воспроизведения. В живой природы воспроизводимость ограниченна, при этом подтверждение свойств субъекта не ограничивается единичной репликацией, а имеет оптимальное число 5 (в рамках тех предположений, которые были сделаны при выводе этого свойства), то есть существует 5 параметров является оптимальным числом "репликаций".

Литература

1. Бондарь А.В. Полнота и стабильность экономики и финансовой системы, изд. «DNA», printed in USA, ISSN 2225-6717, Lulu Inc., ID 13514159, Россия-Израиль, 2013, вып. 23, ISBN 978-1-300-55019-8, стр 193-204.

Серия: **СОЦИОЛОГИЯ**

Бондарь А.В.

Полнота и стабильность политической системы

Аннотация

| Предлагается конструкция полнойц политической системы

Оглавление

1. Введение

Построение стабильной финансово-экономической системы упирается в адекватность функционирования этой системы. Согласно теореме Гёделя, современная финансовая система не может быть полной, хоть очень похожа на таковую, и поэтому не является адекватной и стабильной [1]. Анализ теоретической модели стабильных финансов показал, что аналог давно существует в реальности, однако не развивается с целью стабилизации всей экономики и, следовательно, нестабильность финансово-экономической системы является следствием не только причин внутренних: не полноты финансовой системы, но так же имеет внешние причины. Это означает, что нестабильность экономики является предусмотренным системным свойством. Единственной же причиной этой причиной может быть только устройство политической системы.

Большая нестабильность экономической системы необходима политической системе, для исполнения её основной функции: для управления обществом. Стратегии и тактики, не совпадающие с мэйнстримом, имеют высокую вероятность потерпеть поражение, что и есть основное проявление нестабильности и, одновременно, основной механизм управления, то есть принуждения к выбранной стратегии. С другой стороны, большая нестабильность, как временная структура, согласно эргодической гипотезе, соответствует высокой неравномерности пространственной структуры, что в случае политической системы можно интерпретировать как малочисленность управляющей прослойки общества. Понятно, что в таких условиях ставить вопрос о финансово-экономической стабильности не целесообразно: вопрос политической структуры в этом плане является базовым, то есть является причиной экономической нестабильности.

Высокая же неравновесность политической структуры, когда один человек - президент правит всем обществом, многочисленной партией, большим предприятием, является традиционно сложившимся. Такая структура близка к управлению обществом по логическим законам, хотя и не совсем тождественна им. Для удобства можно их назвать квазилогическими. Понятно, что согласно теореме Гёделя, такая система тоже не может быть полной, то есть у ней отсутствуют механизмы верификации знаний, или выражаясь языком немного более близким к политике: те представления об обществе, которые генерирует малочисленная прослойка управления и по которым она устраивает жизнь общества, плохо совпадают с "адекватными" обществу.

Устройство политической системы в форме квазилогической, вполне адекватна для управления объективными субстанциями. Кроме того, любой субъект имеет объективные свойства, которые так же вполне адекватно рассматривать в свете объективных или квазилогических систем управления. При таком положении дел возникает соблазн управлять, соответственно и самим субъектом, как объектом. Однако управление субъектом по логических законам или в какой-либо другой форме, адекватной объективному знанию, неадекватно природе субъекта. Объективное знание отличается своей многократной воспроизводимостью, которая к тому же может быть инициирована извне. У субъекта нет такого свойства многократного самовоспроизведения и само это самовоспроизведение принадлежит субъекту и не может быть вынесено в его внешнее окружение. К такому самовоспроизведению стоит так же отнести и ментальное само восприятие, осознание своих потребностей и возможностей. Выработка таких представлений можно соотнести к действию некой внутренней процедуре подбора и проверки знаний, что и является, по сути, полной системой. Полной системой называются системы которые включают себя процедуру верификации знаний. Полные системы это в определенной степени субъективное знание, противопоставление объективному знанию. Поэтому возникает предположение, что политическая система устроенная не ввиде квазилогической структуры, а ввиде полной системы будет управлять обществом более адекватно, согласно потребностям и представлениям самого общества. Тут уже можно снять кавычки со слова адекватно и понимать его как результат действия процедуры верификации знаний, которая присуща полным системам вообще и политической системе устроенной по правилам полной системы в частности. Адекватность системы, в свою очередь, обеспечивает устойчивые правила масштаба системы и соответственно стабильность.

2. Структура полной политической системы

Моделировать политическую систему на много сложнее нежели финансово-экономическую, если только вообще возможно на данный момент времени. Поэтому все предложения по устройству политической системы по правилам полных систем, предложенные в этом тексте, будут опираться на представления о полных системах возникших из рассмотрения полноты финансово-экономической системы и изложенные в текстах [1, 2].

Общий принцип построения полной системы, предложенный в [1], это устойчивое самозамыкание, равновесное с внешним миром. Само замыкание по сути осуществляет самоконтроль и верификацию знаний в системе и одновременно является симметрией, определяющую предсказуемую динамику системы. Единственным ресурсом системы изначально являются только взаимные связи элементов системы и ничего больше, которые могут быть либо согласующими или конфликтными, соответственно, целыми или разорванными. Разорванные связи между элементами системы, конфликтные связи, осуществляют связь с внешним миром и одновременно являются альтернативой развития системы. Таким образом система формулируется на метауровне, который формирует пространство системы, как пространство отношений элементов системы, из которого потом строится симметрия и соответствующая предсказуемая динамика, являясь одновременно и содержанием системы. Метауровень в данном случае относится к тому факту, что формулируются не сами закономерности, а среда, пространство, где они возникают.

Самоконтроль, процедура верификации полной системы, может проявляться в самом различном виде, в зависимости от конкретных реализаций отношений между элементами системами. Так, например, в применении к познанию мышления, такой самоконтроль является познанием познания. Политическая система представляется достаточно основополагающей, базовой для общества и многие свойства общества зависят именно от устройства политической системы. При этом самоконтроль проявляется в достаточно абстрактном виде, как контроль за контролем.

Таким образом при построении политической системы идет речь о построении субъекта масштаба того или иного сообщества. Скорее всего это отдельное государство, но может выступать и в виде структур самоуправления на уровне отдельных поселений, больших предприятий или даже неких отделений больших предприятий.

Субъект не имеет свойства многочисленного самовоспроизведения, но существует оптимальное число воспроизведения. Такое свойство воспроизводится в системах с малым числом обьектов, именно с 4 и 5 элементами, и служит основой полных систем представленных в (2). Более того такая структура имеет свойства уровневой устойчивости, что означает - что если такая система служит элементом системы более высокого уровня, то устройство этой системы будет такое же как и внутреннее устройство его элементов. Опираясь на эти свойства малочисленных коллективов можно построить полную политическую систему охватывающую все общество.

Правила построения такой системы крайне простые. На начальном уровне создаются коллективы по 5 - 4 человек и происходит их группировка в 5 таких пятерок. Такая система отбирает пятерки на следующий более высокий уровень и отбирает так же пятерки которые вновь образовались. Если в пятерке возникли проблемы она выбывает из строя. Можно уточнять правила в плане отбора, но по сути это уже будут детали.

Селекция

Таким образом в полной политической системе базовой единицей будет не человек, а коллектив из пяти человек. Понятно, что это требует стабильности таких коллективов, наличие вполне нормальных человеческих отношений, взаимопонимания, поддержки внутри такого малочисленного коллектива. Такие пятерки должны быть прежде всего стабильными, как условия существования и основное условие участия в политической жизни, обладания власти. Соответственно все решения будут приниматься в пользу стабильности такого коллектива, поскольку самой первой целью любой власти является самовоспроизведение. Автоматически такое стремление к стабильности, внутри коллектива, должно переносится на условия его существования, то есть на все общество в целом.

Кроме того такая система похожа на обычное окружение человека в различных его проявлениях: семья, хобби, работа. У нормального человека, обычно в один момент времени довольно ограниченное число людей с которыми он общается. Поэтому обстановка в таком малочисленном коллективе очень хорошо проецируется в обычную среду. Работу президента страны трудно сравнить с работой токаря, но атмосфера президентского совета, состоящего из пяти человек и заменяющего президента в полной системе, в любом случае будет очень похожа, по крайней мере в плане отношений, на бригаду токарей. В этом плане, такие малочисленные коллективы влияют довольно сильно друг на друга, в дополнении к тем прямым связям, в которых они участвуют. Соответственно на любом уровне можно достаточно адекватно оценить работу президентского совета, в отличии от работы президента и соответственно селекция всех необходимых качеств, так же будет достаточно строгой и адекватной, как в отношении оценки качества личностей, их отношений, всего коллектива и прочих свойств всего коллектива.

Возникновение устойчивого содержания.

Пятиобъектные системы является генератором смысла, в силу наличия инвариантов согласия масштаба этой структуры,возникающих из парных согласий между членами ячейки. В современных системах такого нет. Все современные системы строятся по принципам похожим на теорию эволюции Дарвина: диссипативные, конкурентные, соревновательные процессы строятся формализованно на уровне системы, а креативные, созидательные процессы, структуры, дающие смысл, неявно относятся на более низкий уровень, на уровень индивидума, и предполагаются на уровне системы неуправляемыми, случайными. Хотя из общих соображений понятно, что устойчивую систему можно построить только при условии равновесия между соревновательными и созидательными процессами существующих на одном и том же уровне. Это один из факторов нестабильности современных политических систем: общество управляется индивидумами, а должно управляться некой частью системы. В предлагаемой полной политической системе, существование базовых коллективов в явном, формальном виде задает креативные процессы, которые обеспечивают их существования и буду уравновешивать соревновательные процессы.

Демократия.

В настоящее время демократия понимается как одинаковые правила для всех, так называемое равноправие. В таком определении существует логическое противоречие: те субъекты(это могут быть и люди и государства и другие субъекты), которые определяют правила, которые должны быть равными для всех, и осуществляют контроль за тем, что бы эти правила осуществлялись всеми поровну, оказываются "ровнее всех равных". По сути, изначальное определение приводит к своему отрицанию на уровне реализации, меньшинство навязывает свое мнение большинству. Это нарушение отношения системы к самой себе, противоположность полной системы по определению, на абстрактном уровне определения систем. И на конкретном уровне, индивидумы вынужденны выполнять правила к которым не имеют никакого отношения и которые никак не соотносятся с окружением индивидума. По сути это насилие и полная противоположность задуманному.

В полной политической системе, построенной как рекурсивная пятиобъектная структура, такого недостатка нет. Каждый индивидум и субъект действует в системе с малым числом элементов и его влияние на систему всегда значительно и сопоставимо с обратным влиянием системы на него.

В этом плане лучше не пользоваться определением демократии, как руководством по построению системы, а определить меру демократии как отношение количества воздействия индивидума на систему к количеству воздействия системы на индивид. При этом в предлагаемой системе устроенной по правилам полной политической системы, в которой количество воздействия можно мерить по числу связей, мера демократии равна 1. В современных же системах, где воздействие человека на систему предполагается через участие в выборах, мера демократии очень и очень мало отличается от нуля, то есть по сути ее и нет.

Выборы

Выборов в такой системе нет, с одной стороны, и, с другой стороны, они постоянны и повсеместные. В современных выборах обычно миллионы выбирают из двух, трех кандидатов. То есть структура современных выборов крайне неравновесная и способствует нестабильности нашего общества. В полной политической системе число выборщиков равно числу выбираемых, и это равновесие способствует стабильной структуре.

Диалектика.

Марксизм признавал диалектику между обществом и его членами, отдельным человеком, но в своем определении свободы: "свобода это осознанная необходимость" Маркс подчиняет человека обществу. В таком определении диалектическое отношение человека и общества разрешается в логическую структуру подчинения, разрывая диалектическую связь. В конечном итоге ослабляются обе стороны как человек, так и общество. Полные системы сохраняют это диалектическое взаимоотношение, через заметное участие индивидума в каждой пятиобъектной подсистеме, что тоже стабилизирует общество.

Другая системная ошибка Карла Маркса - это соотношение классов. Если не говорить о классах, а об организаторах производства и рабочих, то они тоже находятся в отношении диалектики: оба не могут существовать без другого и между ними постоянно идет борьба. Объявив концепцию коммунизм как победа рабочего класса над капиталистическим, Маркс так же делает ошибку разрешая диалектику в логику. Ну и кроме того, общество без эксплуатации существовать не может, оно существует постольку поскольку отдельные люди трудятся на его благо. Реализация этого тезиса на практике в общем то и приводит к уничтожению конкретных людей принадлежащих к капиталистическому классу. Полные системы не имеют такого изъяна, они диалектичны изначально и не антагонистичны поэтому.

Антагонизм.

Любой субъект обладает сопряженными объективными свойствами. Объективными свойствами обладает и общество. Для управления общества в части сопряженной с объективными его свойствами, конечно же, необходимы формы управления близкие к логическим. Однако, те же логические формы управления, примененные к субъективным, в должной пропорции, так же являются необходимыми, и не в коем случае не антагонистичны управлению по схеме полных систем. Как было показано в [1] арифметические(так же и логические) системы и полные системы являются дополнением друг друга. Они имеют разные сферы применения: нестабильные хороши для исполнительной власти, полные системы хороши для законодательной, построения стратегии и тактики и выработки критериев контроля. С другой стороны, квазилогические схемы склонны к излишней нестабильности и нуждаются в стабилизирующем факторе. Полные же системы построенные по сетевым схемам излишне стабильны и нуждаются во внешней дестабилизации. Идеальным будет соотношение этих двух форм власти, оптимальное соотношение должно подбираться на практики в зависимости от внешних условий. Например во время черезвычайных ситуаций, когда понятно что надо делать, сильной должна быть исполнительная власть. Во время спокойных периодов и необходимости развиваться из внутренних ресурсов более предпочтительная полная политическая система.

В полных системах контроль за контролем встроен в саму систему по определению, как механизм верификации знаний, в отличии от квазилогических, где высший уровень управления остается бесконтролен и может управлять обществом исключительно в своих собственных интересах, вопреки интересам общества и даже вызывая разрушение общества и его уничтожение, что очень хорошо видно на пространстве бывшего СССР, а так же в других странах.

3. История политических систем в свете устройства полной политической системы

Сама по себе нестабильность не является позитивным или негативным качеством. Нестабильность хороша когда идет взрывной, нестабильный рост производства продукции, производительности и так далее. Нестабильность плоха когда идет спад производства имеется дефицит ресурсов. Соответственно в условиях быстрого роста хороша нестабильность, а в условиях дефицита ресурсов хороша стабильность.

На заре возникновения общества существовали похожие на полные системы общинно родовые формации. Общинно родовое общество характеризуется прямым общением, отсутствием единой основополагающей, объединяющей идеи, подчиняющей всех единым целям и стратегиям. И религия по большей части была языческой, обеспечивающей многообразный подход к формированию мировозрения. Такой факт приводил к опоре на взаимопонимание, взаимовыручку. Однако сообщества были слишком многочисленны для того, что бы из них можно было построить многоуровневую систему управления. Такую систему можно построить только малочисленными коллективами. Соответственно, в противоположность внутреннему духу родства, взаимовыручки, в отношениях между родами чаще велась непримиримая борьба, что делало их слабыми по сравнению с централизованными системами управления.

По мере роста технологических возможностей росла возможность подчинения всего общества одной идее. Возникновение религии, как возможность такого объединения не зря отмечает появление человечества. По мере развития технологий развивались и возможности такого унитарного устройства общества.

При возникновении капитализма в районе 16 века, заметно увеличилась нестабильность. Возникновение денежного налога вместо натурального, было одним из основных шагов возникновения капитализма, приведшего к свержению монархии. Правление одной семьи монарха, хоть и отличается от полной системы, но по любым меркам ближе к полным системам, во всяком случае стабильнее нежели президентское. Увеличение нестабильности за счет смены политико-экономической формации было оправдано быстрым развитием, освоением огромного количества ресурсов.

В наше же время достигнуты границы такого стремительного развития в виде глобализации. Основными приметами этой глобализации является ядерное оружие, огромные возможности транспортных средств, коммуникации. Современное общество, по своему устройству настроенное на нестабильность, на стремительное расширение, столкнувшись с границами своего расширением естественным образом всю энергию поступательного движения направляет на самое себя. И без соответствующей организации такое самовоздействие, скорее всего, станет саморазрушением. Полные системы вообще и политическая полная система, как раз и призваны организовать такое самовоздействие, что бы оно приводило к созидательным, а не разрушительным процессам.

Выживание современного общества, как и на заре его возникновения так же зависит от его устройства, хотя причины и поменяли свой знак. В первобытном общинном строе необходимо было стабильное устройство что бы защититься от внешних сил природы действующих на человека. В наше время стабильное устройство общества необходимо что бы защититься от самого себя, как минимум от той энергии которая сосредоточена в ядерном оружии, грозящее разрушить очень быстро не только общество но и все живое на земле.

В наше время нестабильность увеличивается, часто сознательно со стороны тех, кто управляет обществом, в надежде повысить управляемость общественных процессов и тем самым направить их в нужное русло, однако вместо этого наблюдается только увеличение нестабильности, что только добавляет проблем.

В условиях растущей нестабильности, многие связывают надежду на восстановление стабильности и порядка с коммунизмом. Карл Маркс был хорошим критиком капитализма, но он не смог предложить содержательную модель субъекта, как основу построения общества и модели взаимодействия его субъектов. Отрицание частной собственности не может быть основой модели субъекта. Надежда на то, что чистые намерения коммунистов приведут к справедливому обществу без эксплуатации, конечно же не могут сбыться, поскольку системой управляют не намерения, а структура этой системы. Кроме того, коммунизм как теория, даже обьективная теория, как утверждают сами коммунисты, не может быть стабильной полной системой, согласно теореме Гёделя и противоречит природе субъекта. Коммунизм даже более неустойчив чем капитализм, поскольку при капитализме существуют несколько центров влияния, конкуренция, в марксизме же теория едина и хотя природа неустойчивости коммунизма и капитализма едина, количественно коммунизм более неустойчив. Так что закат СССР был не концом истории, а репетицией заката капитализма, который при отсутствии стабилизирующих факторов, грозит перейти в конец света в том или ином масштабе.

Литература

1. Бондарь А.В. Полнота и стабильность экономики и финансовой системы, изд. «DNA», printed in USA, ISSN 2225-6717, Lulu Inc., ID 13514159, Россия-Израиль, 2013, вып. 23, ISBN 978-1-300-55019-8, стр 193-204.
2. Бондарь А.В. Модель сознания. Настоящий сборник.

Серия: **ФИЗИКА И АСТРОНОМИЯ**

Замалиев П.С.

Расчет аномального ускорения «Пионеров»

Аннотация

На основе предположения, что измерение «время» имеет все свойства, которые имеют измерения длина, ширина и высота, предложена формула для расчета так называемого аномального ускорения «Пионеров».

Немного истории. "Пионеры" отклонились от расчетной траектории примерно на 400 тыс. км. У них наблюдается постоянное фиолетовое смещение, интерпретируемое как отрицательное ускорение : $8,74 \cdot 10^{-10}\, м/сек^2$. Много было разных предположений о природе этого ускорения, остановились вроде на тепловой отдаче. В НАСА (Турышев и др.) обсчитывали тепловую отдачу, получилось, что только 70% ускорения можно объяснить тепловой отдачей, а 30% - это : $2,6 \cdot 10^{-10}\, м/сек^2$ - остались необъясненными. В 2011 португальцы еще раз стали обсчитывать тепловую отдачу и при помощи зеркала объяснили оставшиеся 30%. Но возникает вопрос - а в НАСА при расчетах про зеркало забыли, что ли? Это во-первых. Кроме того, если фиолетовое смещение есть результат только тепловой отдачи, то оно должно уменьшаться, потому что мощность источников падает, а на самом деле смещение примерно постоянное. Поэтому, возможно, что оставшиеся у НАСА 30% - это вообще не ускорение - это результат того, что Земля догоняет "Пионеры" вдоль времени. В этом случае, то есть если фиолетовое смещение "Пионеров" имеет две причины - тепловую отдачу и то, что Земля догоняет "Пионеры" вдоль времени, - по одной оно убывает, а по другой - растет, в результате в целом остается постоянным.

С одной стороны, мы живем в четырехмерном мире, т. е. наша вселенная – четырехмерный объект. Или, другими словами, множество измерений нашей вселенной состоит из четырех элементов: длина, ширина, высота, время (каждое измерение в любой точке вселенной перпендикулярно остальным) — и **измерение «время» имеет все свойства, которые имеют остальные измерения** (длина, ширина, высота). А с другой стороны, нашу вселенную принято считать трехмерной поверхностью четырехмерной сферы, раздувающейся в четвертом измерении (во времени), т.е. фактически предполагается, что вся вселенная существует одновременно, что размер вселенной по измерению «время» – ноль. Но, наверное, четырехмерный объект не может иметь по одному из измерений нулевой размер – ведь в этом случае он становится трехмерным. Значит, наша вселенная имеет размер по измерению «время», причем этот размер должен быть расстоянием, потому что все размеры по остальным измерениям нашей вселенной – это расстояния. В общем, наша вселенная (наше пространство-время) – это четырехмерная оболочка (пленка) раздувающегося пузыря, имеющая по одному из измерений (по измерению «время») исчезающе маленький размер и вдобавок движущаяся вдоль этого измерения; все размеры по этому измерению являются, как и по остальным измерениям (длина, ширина, высота), расстояниями. Представим надувающийся детский воздушный шарик. Оболочка этого шарика трехмерна - два измерения полноценные, а по третьему измерению оболочка имеет очень маленький размер (маленькую толщину), и вдобавок любая точка оболочки движется вдоль этого третьего измерения. Вот так сделана и наша вселенная, только измерений не три, а четыре: наша вселенная - это четырехмерная оболочка раздувающегося четырехмерного пузыря. Мы живем внутри самой оболочки, то есть любое тело имеет не три, а четыре размера (и все четыре размера являются расстояниями), только один размер – по измерению «время» – такой маленький, что в макромире не существует задач, при решении которых необходимо учитывать этот размер. Исторически так сложилось, что расстояния по измерениям длина-ширина-высота измеряются в одних единицах (метры), а расстояния по измерению «время» – в других (секунды). То есть секунда – это сколько-то метров, пройденных пространством-временем (вселенной) вдоль измерения «время».

Пространство-время, перемещаясь вдоль измерения «время», перемещает и все тела, находящиеся в этом движущемся пространстве-времени. Если на рамку натянуть упругую пленку, прикрепить к этой пленке грузик и перемещать рамку с пленкой в направлении, перпендикулярном плоскости пленки, то на пленке (там, где прикреплен грузик) образуется ямка – пленка деформируется, потому что у грузика есть инерция. То же самое происходит и с пространством-временем – оно деформируется, перемещая вдоль измерения «время» имеющие инерционную массу тела. Чем больше инерционная масса тела, тем больше глубина ямки от этого тела. В общем, не масса деформирует пространство-время, а пространство-время деформируется об массу. Если радиус вселенной перестанет расти, то гравитация исчезнет. Гравитация – результат инерции во времени, поэтому гравитационной массы не существует. Так как пространство-время – сфера, то диаметр ямки от тела любой массы имеет конечный размер. Если ямки от двух тел перекрываются, то зона перекрытия оказывается ниже (во времени), чем противоположные края ямок. Соответственно, и натяжение пространства-времени оказывается меньше в зоне перекрытия, чем на противоположных краях ямок – в результате тела начинают сближаться. В общем, не тела притягиваются друг к другу, а натяжение пространства-времени сдвигает тела друг к другу.

Количественно натяжение пространства-времени характеризуется гравитационной постоянной. С увеличением радиуса вселенной и, как следствие, с увеличением натяжения пространства-времени, гравитационная постоянная уменьшается – во сколько раз увеличится радиус вселенной, во столько же раз уменьшится гравитационная постоянная. С уменьшением гравитационной постоянной уменьшается и радиус Шварцшильда. Как только радиус Шварцшильда становится меньше радиуса какой-либо существующей черной дыры – эта черная дыра перестает быть черной дырой – т.е., видимо, квазары – это бывшие черные дыры.

Существование по крайне мере большей части (если не всей) темной энергии – результат натяжения пространства-времени. Чем больше становится радиус вселенной, – тем больше становится натяжение пространства-времени, – и тем мельче становятся гравитационные ямки. Земля, по сравнению с «Пионерами», находится почти на дне солнечной гравитационной ямки, следовательно, расстояние по измерению «время» между Землей и «Пионерами» уменьшается. Наблюдаемое фиолетовое смещение, трактуемое как аномальное ускорение «Пионеров», на самом деле есть результат того, что Земля догоняет «Пионеры» по измерению «время».

Скорость – это отношение расстояния по измерениям длина-ширина-высота к расстоянию по измерению время, – поэтому скорости, с которой вселенная движется вдоль измерения время, не существует. Любое тело находится в гравитационной ямке и перемещается пространством-временем вдоль измерения «время», поэтому при перемещении тела с ускорением перпендикулярно измерению «время» (т.е. вдоль измерений длина-ширина-высота) глубина гравитационной ямки будет увеличиваться. В общем, при попытке увеличить скорость тела только часть работы уйдет на увеличение скорости тела (на увеличение отношения расстояния по измерениям длина-ширина-высота к расстоянию по измерению «время»), а другая часть работы уйдет на увеличение глубины гравитационной ямки.

И, наконец, скорость любого тела (для стороннего наблюдателя) может быть больше единицы только в том случае, если тело в процессе своего движения либо создает складку пространственно-временной пленки, либо вообще прорывает пространство-время. Подобных катаклизмов в нашей вселенной не наблюдается, поэтому тел, движущихся со скоростью больше единицы (т.е. тел, для которых отношение расстояния, пройденного телом перпендикулярно измерению «время», к расстоянию, пройденного вселенной вдоль измерения «время», больше единицы), не существует. Максимальная скорость какого-либо тела в размерности м/сек для нашей вселенной известна – $3 \cdot 10^8 \, м/сек$. Значит, $3 \cdot 10^8 \, м/сек = 1$, откуда $1 сек = 3 \cdot 10^8 \, м$. Одна секунда – это $3 \cdot 10^8 \, м$, пройденных вселенной вдоль измерения «время», или, другими словами, увеличение радиуса вселенной на $3 \cdot 10^8 \, м$ – это одна секунда. Радиус вселенной в годах : $13,82 \cdot 10^9 \, лет$, значит, радиус вселенной в метрах : $1,3 \cdot 10^{26} \, м$. Во сколько раз увеличится радиус вселенной (R), во столько же раз увеличится и любое расстояние (S) по измерениям длина-ширина-высота (на слабодеформированных и недеформированных участках вселенной), т.е. $\dfrac{R + \Delta R}{R} = \dfrac{S + \Delta S}{S}$, откуда $\dfrac{\Delta R}{R} = \dfrac{\Delta S}{S}$. Отношение $\dfrac{\Delta S}{S}$ при $\Delta R = 3 \cdot 10^8 \, м$ – это постоянная Хаббла $H \approx 2,3 \cdot 10^{-18}$. $(1 + H)$ – во столько раз увеличивается (сегодня) любое расстояние по измерениям длина-ширина-высота на слабодеформированных и недеформированных участках вселенной (и во столько же раз уменьшается гравитационная постоянная) при увеличении радиуса вселенной на $3 \cdot 10^8 \, м$.

То, что $1 сек = 3 \cdot 10^8 м$, а также то, что при попытке измерить скорость света (в вакууме) всегда получается $3 \cdot 10^8 м / сек$, однозначно указывает на отсутствие перемещения света вдоль измерения «время», – т.е. у света нет скорости. Не свет вылетает из лампочки и летит мимо наблюдателя со скоростью $3 \cdot 10^8 м / сек$, а наоборот – лампочка движется вдоль измерения «время», оставляя за собой неподвижный (относительно измерения «время») свет; наблюдатель также движется вдоль измерения «время» мимо неподвижного (относительно измерения «время») света, и каждые $3 \cdot 10^8 м$, пройденные им вдоль измерения «время», наблюдатель называет одной секундой. Если же наблюдатель считает себя неподвижным и пытается измерить скорость света относительно себя неподвижного, то всегда получается $3 \cdot 10^8 м / сек$. В общем, любая попытка найти скорость света (в вакууме) в размерности м/сек на самом деле есть попытка определить – сколько метров в одной секунде.

Рассмотрим тело, находящееся в гравитационной ямке (пространство-время между точками $4-1-5$), от которого отдаляется какой-то объект (ракета):

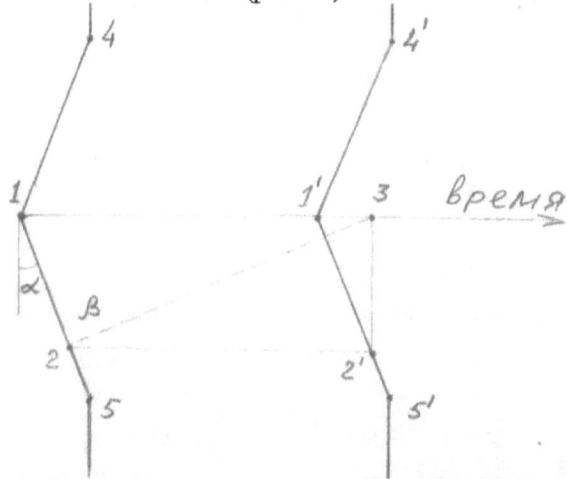

Тело находится в точке 1, ракета начинает движение от точки 1 к краю гравитационной ямки тела – к точке 5. Пусть, когда тело, перемещаемое пространством-временем, окажется в точке $1'$, ракета окажется в точке $2'$, и тогда скорость ракеты – это отношение расстояния $1-2$ к расстоянию $1-3$. Если угол β больше $90°$, то глубина гравитационной ямки ракеты будет увеличиваться, и ракета покинуть гравитационную ямку тела не сможет. Если $\beta \leq 90°$, то ракета покинет гравитационную ямку тела. Значит, при $\beta = 90°$ скорость ракеты – это скорость убегания, т.е. $\sin\alpha = \sqrt{\dfrac{2Gm}{r}}$, где m – масса, а r – радиус тела. Разумеется, угол α – это угол между касательными, так как никаких прямых и параллельных на рисунке нет – грандиозный размер радиуса вселенной делает линии почти прямыми и почти параллельными – на самом же деле линии $1-1'$ и $2-2'$ пересекаются в точке большого взрыва (БВ), т.е. между ними есть угол φ, который можно найти, разделив дугу $3-2'$ на расстояние от точки БВ до точки 3 (или до точки $2'$ – что одно и то же). Участок пространства-времени $1-2$ – это, в полярных координатах, спираль $R = R_0 e^{\varphi\, tg\alpha}$ [1], где R_0 – расстояние от точки БВ до точки 1, R – расстояние от точки БВ до точки 2. Так как $\sin\alpha = \sqrt{\dfrac{2Gm}{r}}$, то $tg\alpha = \sqrt{\dfrac{2Gm}{r-2Gm}}$ – но это только в точке 1, на расстоянии же L от точки 1 $tg\alpha = \sqrt{\dfrac{2Gm}{r+L-2Gm}}$, поэтому $R = R_0 e^{\varphi\sqrt{\frac{2Gm}{r+L-2Gm}}}$, где L – длина спирали от $\varphi = 0$ до φ.

Для случая Солнце-Земля-«Пионер» углы α и φ очень маленькие, поэтому $\varphi = \dfrac{L}{R_0}$ с отличной точностью, т.е. для частного случая Солнце-Земля-«Пионер» $R = R_0 e^{\frac{L}{R_0}\sqrt{\frac{2Gm}{r+L-2Gm}}}$, где m – масса Солнца, r – радиус Солнца. Если Землю принять за начало спирали, т.е. если для Земли $\varphi = 0$, расстояние от БВ до Земли $R_0 = 1,3\cdot 10^{26}\, м$, то расстояние от БВ до находящегося на расстоянии $L = 1,6\cdot 10^{13}\, м$ от Земли «Пионера» $R_П = R_0 e^{\frac{L}{R_0}\sqrt{\frac{2Gm}{S+L-2Gm}}}$, где S – расстояние от центра Солнца до Земли, а $G = 6,67384\cdot 10^{-11}\dfrac{м^3}{сек^2 кг} = \dfrac{6,67384\cdot 10^{-11}}{\left(3\cdot 10^8\right)^2}\dfrac{м}{кг} = 7,41538\cdot 10^{-28}\dfrac{м}{кг}$.

При увеличении радиуса вселенной на $3\cdot 10^8\, м$ (другими словами – через одну секунду) расстояние от БВ до «Пионера» – если бы не уменьшение гравитационной постоянной – стало бы

$$R_\Pi = \left(R_0 + 3 \cdot 10^8\right) e^{\frac{L}{R_0}\sqrt{\frac{2Gm}{S+L-2Gm}}}$$. Но при увеличении радиуса вселенной

на $3 \cdot 10^8 \, м$ гравитационная постоянная уменьшается в $\left(1 + H\right)$ раз,

поэтому на самом деле расстояние от БВ до «Пионера»

$$R'_\Pi = \left(R_0 + 3 \cdot 10^8\right) e^{\frac{L}{R_0}\sqrt{\frac{2Gm}{(S+L)(1+H)-2Gm}}}$$. И наконец

$R_\Pi - R'_\Pi = 2,487 \cdot 10^{-10} \, м$, т.е. на каждые $3 \cdot 10^8 \, м$, пройденных

«Пионером» вдоль измерения «время», приходится

$\left(3 \cdot 10^8 + 2,5 \cdot 10^{-10}\right) м$, пройденных Землей вдоль измерения «время».

В общем, так называемое аномальное ускорение «Пионеров»

$$a_\Pi = R\left(e^{\frac{L}{R}\sqrt{\frac{2Gm}{S+L-2Gm}}} - e^{\frac{L}{R}\sqrt{\frac{2Gm}{(1+H)(L+S)-2Gm}}}\right), где$$

$1 сек = 3 \cdot 10^8 \, м$

R – радиус вселенной

H – постоянная Хаббла

S – расстояние от центра Солнца до Земли

L – расстояние от Земли до «Пионера»

m – масса Солнца

G – гравитационная постоянная.

Литература

1. http://mathhelpplanet.com/viewtopic.php?f=33&t=28350

2. http://elementy.ru/lib/431381?page_design=print

3. http://lnfm1.sai.msu.ru/grav/russian/life/chteniya/sagi2007/turyshev_Anomaly.pdf

Серия: **ФИЗИКА И АСТРОНОМИЯ**

Хмельник С.И.

Инерциоид Толчина и ОТО

Аннотация

Загадка инерциоида Толчина существует почти век. В статье показывается, что она может быть решена с привлечением общей теории относительности. Дается методика расчета инерциоида. Предлагаются конструктивные модификации.

Оглавление

1. Введение

Термин "инерциоид" и его конструкцию придумал В.Н. Толчин в 1930 годы. В [1] приводится подробное описание инерциоида и экспериментов с ним. Инерциоид демонстрирует безопорное движение. Признанная физическая модель объясняет это явление силами трения. Однако известны многочисленные эксперименты, не подтверждающие такое объяснение [2, 10].

Предложены различные теории для объяснения этого явления [3]. Но они отвергаются современной наукой из-за того, что безопорное движение обычно считается невозможным в силу того, что оно нарушает третий закон Ньютона и следующий из него (в механике) закон сохранения импульса. Последний является более общим для физики законом. В электродинамике этот закон учитывает также импульс электромагнитной волны и поэтому импульсы материальных тел, взаимодействующих с волной, в сумме оказываются не равными нулю [4]. Например, в [5] рассматривается взаимодействие электрических зарядов, и доказывается, что при этом возможны случаи, когда нарушается закон сохрания импульса в механике. В [6] описываются основанные на этом умозрительные эксперименты, которые демонстрируют безопорное движение. Такое движение возможно благодаря существованию сил Лоренца. Такие силы отсутствуют в механике и поэтому из закона сохранения импульса в механике следует третий закон Ньютона.

В [7] рассматриваются максвеллоподобные уравнения гравитации. Из основных уравнений ОТО следует, что в слабом гравитационном поле при малых скоростях, т.е. на Земле, можно пользоваться максвеллоподобными уравнениями для описания гравитационных взаимодействий. Это означает, что существуют гравитационные волны, имеющие гравитоэлектрическую составляющую с напряженностью E_g и гравитомагнитную составляющую с индукцией B_g. На массу m, движущуюся в магнитном поле со скоростью v, действует гравитомагнитная сила Лоренца (аналог известной силы Лоренца). Отсюда следует, что в гравитационном поле Земли третий закон Ньютона может нарушаться (также, как и в электромагнитном поле).

Самохвалов [8] задумал и выполнил серию неожиданных и удивительных экспериментов, которые в [7] объясняются взаимодействием неравномерных токов масс и возникающей при этом гравитомагнитной силой Лоренца. Важно отметить, что эффекты в указанных экспериментах настолько значительны, что для их объяснения в рамках указанных максвеллоподобных уравнений гравитации необходимо коэффициент гравимагнитной проницаемости среды ξ (аналогичный коэффициенту магнитной проницаемости среды μ в электромагнетизме). При этом результаты экспериментов хорошо согласуются с максвеллоподобными уравнениями гравитации. Значение коэффициента ξ из этих экспериментов определяются для пониженного давления. Его значение при атмосферном давлении можно оценить весьма приближенно.

Ниже показывается, что функционирование инерциоида Толчина легко объясняется при учете гравитомагнитной силы Лоренца. Кроме того, эксперименты Толчина позволяют уточнить значение коэффициента ξ, а данная теория позволят предложить полезные модификации инерциоида.

2. Математическая модель экспериментов Толчина

Инерциоид состоит из двух грузов m_1 и m_2 на рычагах, установленных на подвижной платформе - см. рис. 1. Грузы вращаются навстречу друг другу с изменяющейся угловой скоростью (что обесечивается приводным механизмом). Двигатель инерциода включается на участке СА (от 330 до 360 градусов), а тормоз инерциоида включается на участке DB (от 150 до 180 градусов). При этом скорость грузов максимальна, когда они расположены в окрестности точки А, и минимальна, когда они расположены в окрестности точки В.

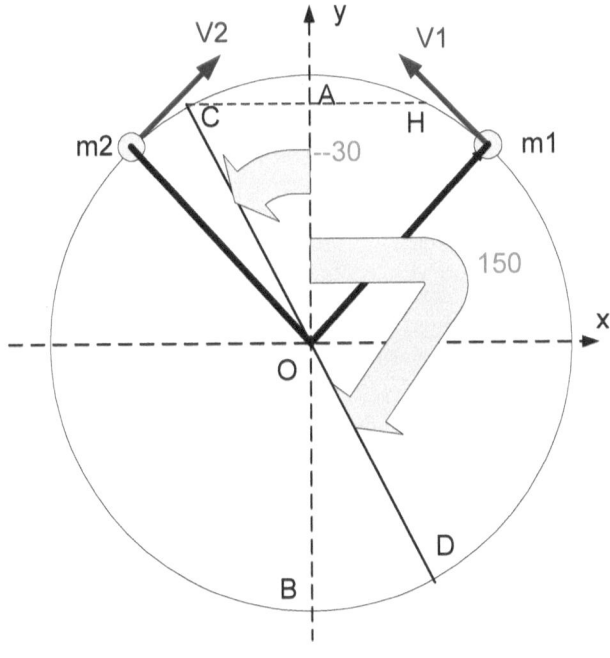

Рис. 1 (T1.vsd)

По предположению автора причина ускорения заключается в том, что движущиеся грузы взаимодействуют между собой гравимагнитными силами Лоренца. Сила Лоренца обратно пропорциональна квадрату расстояния между грузами. Поэтому эта сила принимает существенное значение только в точках А и В, где расстояние между грузами минимально. Кроме того, сила Лоренца пропорциональна произведению скоростей грузов. Поэтому сила Лоренца в т. А (где скорости велики) намного превышает силу

Лоренца в т. В (где скорости малы). Далее, направление силы Лоренца зависит от того, сближаются или удаляются грузы. Следует еще отметить, что при равномерной скорости движения грузов в окрестности точек А и В суммарный импульс сил Лоренца, действующих справа и слева от этих точек, был бы равен нулю. Но Толчин предусмотрел резкое изменение ускорений именно именно в этих точках, что создает отличный от нуля суммарный импульс сил Лоренца. В результате движение инерциоида становится прерывистым – силный рывок в т. А и слабый, направленный в обратную сторону рывок в т. В. Далее эти процессы анализируются количественно.

В [7] показано, что сила Лоренца, действующая от массы m_1 на массу m_2, определяется выражением вида (здесь и далее используется система СГС)

$$\overline{F_{12}} = \frac{k_g m_1 m_2}{r^3} \left[\overline{v_2} \times \left[\overline{v_1} \times \overline{r} \right] \right] [\text{дина}],\tag{1}$$

где

- коэффициент $k_g = \dfrac{\xi G}{c^2}$,　(2)

- $G \approx 7 \cdot 10^{-8} \left[\dfrac{\text{дин} \cdot \text{см}^2}{\text{г}^2} = \dfrac{\text{см}^3}{\text{г} \cdot \text{сек}^2} \right]$ - гравитационная постоянная,

- $c \approx 3 \cdot 10^{10} [\text{см}/\text{сек}]$ - скорость света в вакууме,

- ξ - гравимагнитная проницаемость среды,

- $\overline{r}$ - вектор, направленный из точки m_1 в точку m_2,

- $\overline{v_1}, \overline{v_2}$ - скорости масс m_1 и m_2 соответственно.

Скорости $\overline{v_1}, \overline{v_2}$ - это скорости взаимного перемещения масс, не зависящие от скорости системы, с которой связаны массы. В нашем случае – это линейные скорости вращения грузов на платформе, не зависящие от скорости платформы – см. рис. 1.

Выделим в формуле (1) выражение

$$\overline{f} = \left(\overline{a} \times \left(\overline{b} \times \overline{r} \right) \right),\tag{3}$$

где

$$\overline{a} = \overline{v_2}, \quad \overline{b} = \overline{v_1}.$$

В правой системе декартовых координат это выражение принимает вид

$$\overline{f} = \begin{bmatrix} a_y\left(b_x r_y - b_y r_x\right) - a_z\left(b_z r_x - b_x r_z\right) \\ a_z\left(b_y r_z - b_z r_y\right) - a_x\left(b_x r_y - b_y r_x\right) \\ a_x\left(b_z r_x - b_x r_z\right) - a_y\left(b_y r_z - b_z r_y\right) \end{bmatrix}. \qquad (4)$$

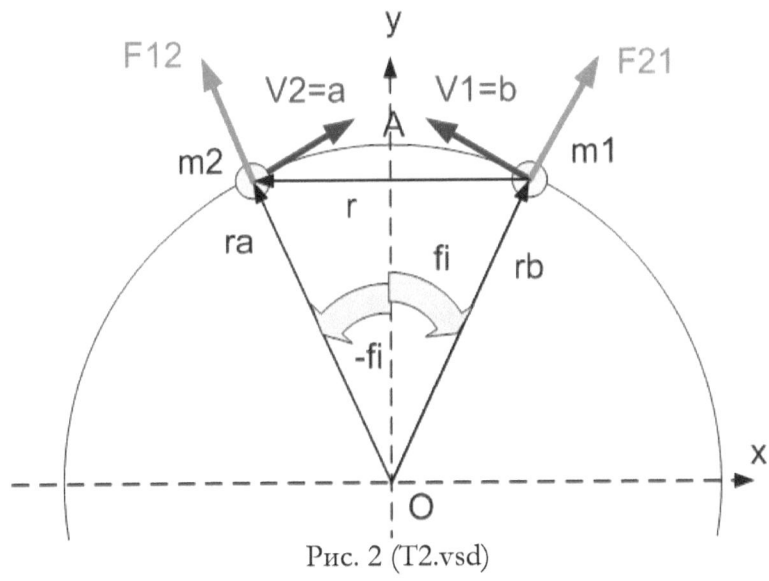

Рис. 2 (T2.vsd)

Грузы вращаются с одинаковой скоростью в противополжных направлениях. Поэтому

$$|a| = \omega R, \ |b| = \omega R, \qquad (5)$$

где R - длина рычага, ω - угловая скорость. Обозначим еще радиус-векторы грузов m_1 и m_2 как r_b и r_a соответственно. Тогда

$$r = r_a - r_b. \qquad (6)$$

Т.к. грузы вращаются в паралельных плоскостях, между которыми сохраняется расстояние d, и углы отклония масс от вертикали равны, то

$$r_y = 0, \ r_z = d, \ a_z = 0, \ b_z = 0. \qquad (7)$$

С учетом этого получаем:

$$\overline{f} = -b_y r_x \begin{bmatrix} a_y \\ -a_x \\ d \end{bmatrix}. \qquad (8)$$

Нас будет интересовать вертикальная составляющая этой силы

$$f_y = b_y r_x a_x. \qquad (9)$$

Из рис. 1 следует, что

$$\angle AOm_2 = -\varphi, \ \angle AOm_1 = \varphi$$

$$a_x = \omega R \cos \varphi, b_x = -\omega R \cos \varphi,$$

$$a_y = \omega R \sin \varphi, b_y = \omega R \sin \varphi,$$

$$r_a = R\left[- \sin \varphi, \ \cos \varphi, 0 \right],$$

$$r_b = R\left[\sin \varphi, \ \cos \varphi, 0 \right]. \qquad (10)$$

Следовательно,

$$r = r_a - r_b = \left[- 2R \sin \varphi, 0, d \right], \qquad (11)$$

$$|r| = \sqrt{\left(2R \sin \varphi\right)^2 + d^2}. \qquad (12)$$

Из (9-11) находим:

$$f_y = \omega R \cos \varphi 2\omega R^2 \sin^2 \varphi = 2\omega^2 R^3 \cos \varphi \sin^2 \varphi, \qquad (13)$$

$$f_{yr} = f_y / |r|^3 = 2\omega^2 R^3 \cos \varphi \sin^2 \varphi / |r|^3. \qquad (14)$$

Из (1, 3) следует, что вертикальная проекция силы (1)

$$F_{12y} = k_g m_1 m_2 f_{yr}, \qquad (15)$$

В силу симметрии на платформу действуют две такие силы от двух грузов, т.е. на платформу вдоль ее оси при вращении грузов навстречу в каждый момент действует сила

$$F_1 = 2k_g m_1 m_2 f_{yr}, \qquad (16)$$

вычисляемая для четвертого квадранта (где находится т. С). Аналогично, при вращении грузов "в разлет" действует сила

$$F_2 = -2k_g m_1 m_2 f_{yr}, \qquad (17)$$

вычисляемая для первого квадранта (где находится т. Н).

Суммарный импульс этих сил равен нулю при одинаковых скоростях вращения "навстречу" и "в разлет". Это правило соблюдается и при неравномерном вращении. Однако, если эти скорости "навстречу" и "в разлет" различны, то их суммарный импульс не равен нулю и платформа будет двигаться (вперед или назад). Это движение является безопорным, т.к. для силы Лоренца не существует противодействующей силы.

3. Количественные оценки

Рассмотрим эпюру угловых скоростей груза m_2, которую реализует конструкция Толчина [1] – см. рис. 3. Здесь представлена развертка окружности из рис. 1 с теми же обозначениями точек и указанием углов. На участке CA двигатель разгоняет грузы от угловой скорости ω_1 до угловой скорости ω_2, а на участке DB включается тормоз.

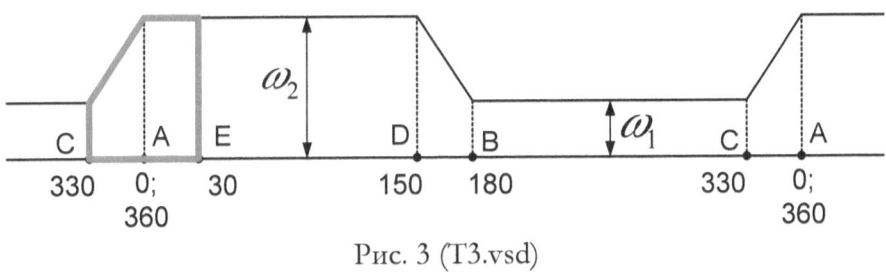

Рис. 3 (T3.vsd)

Рассмотрим на рис. 3 выделенный участок CAE. На участке CA груз m_2 разгоняется от скорости ω_1 до скорости ω_2 с ускорением ε временном интервале $t = \overline{0, T_1}$, а на участке AE - движется с постоянной скоростью ω_2 на временном интервале $t = \overline{T_1, T_2}$. На рис. 4 и рис. 5 показаны результаты моделирования этого процесса – показаны функции

$\omega(t) = \omega_1 + \varepsilon \cdot t$,

$\varphi(t) = \varphi_0 + \varepsilon \cdot t^2 / 2$,

$\left[F_2(\varphi), \ F_1(\varphi) \right]$ - см. формулы (14, 15, 16),

$F(t)$ - функция, равная $F_1(\varphi)$ на временном интервале $t = \overline{0, T_1}$, и равная $F_2(\varphi)$ на временном интервале $t = \overline{T_1, T_2}$; показаны только вертикальные проекции этих сил.

При этом интервалы T_1, T_2 определяются формулами:

$\varepsilon \cdot T_1^2 / 2 + \omega_1 T_1 = 2\pi - \varphi_o$,

$\omega_2 T_2 = 2\pi - \varphi_o$.

На первых трех графиках временной интервал $t = \overline{0, T_1}$ соответствует движению на участке СА, а следующий временной интервал $t = \overline{T_1, T_2}$ соответствует движению на участке АЕ.

Видно, что силы $F_1(t)$ и $F_2(t)$ направлены в противоположную сторону (см. окно 3) и $|F_2(\varphi)| \geq |F_1(\varphi)|$ (см. окно 4). Однако интервал $\overline{T_1, T_2} < \overline{0, T_1}$. Сумма импульс сил $F_2(t)$ и $F_1(t)$ равна величине

$$\Delta S = \int\limits_0^{T_1} F_1(t)dt + \int\limits_{T_1}^{T_2} F_2(t)dt > 0$$

и действует на связаную пару грузов m_1 и m_2, изменяя скорость платформы. Точнее,

$$\Delta S = M \cdot \Delta v,$$

где M – масса платформы с грузами, Δv - приращение ее скорости за счет импульса ΔS. У этого импульса есть проекция на ось 'оу'. В дальнейшем на участке DE платформа движется со скоростью, измененной этим импульсом.

Таблица 1.

Варианты:	1	2	3	4
	Рис. 4	Рис. 5	Рис. 7	Рис. 8
m	100	500	500	500
M	500	5000	5000	5000
d	0.5	1	1	1
R	30	30	30	30
φ_0	330	330	330	330
ω_1	3	1	1	2.7
ε	100	3	3	-3
ξ	10^23	10^23	10^23	10^23
T_1	0.08	0.35	0.35	0.22
T_2	0.05	0.26	0.22	0.35
ω_2	11	2	2.7	1
ΔS_1	8.7	1.37	1.37	1.73
ΔS_2	10.1	1.57	1.73	1.38
ΔS	-1.4	-0.2	-0.36	0.35
oS	0.9	0.87	0.79	1.26
Δv	-4.3	-39	-71	69

Таким образом, при данных параметрах инерциоида $m_1, m_2, \omega_1, \varepsilon, R, M, d$ и значении гравимагнитной проницаемости воздуха при атмосферном давлении ξ_b можно определить импульс скорости платформы Δv на каждом обороте грузов. При этом имульсы вычисяются по формулам

$$\Delta S_1 = \int_0^{T_1} F_1(t)dt, \quad \Delta S_2 = \int_{T_1}^{T_2} F_2(t)dt, \quad \Delta S = \Delta S_1 + \Delta S_2, \quad oS = \Delta S_1 / \Delta S_2.$$

Результаты решения сведены в табл. 1.

Аналогично можно исследовать поведение инерциоида в т. В. Но скорости грузов в окрестности т. В значительно меньше скорости грузов в окрестности т. А. Поэтому силы Лоренца в т. В значительно меньше сил Лренца в т. А – инерциоид получает большой импульс в т. А и малый противоположно направленный импульс в т. В.

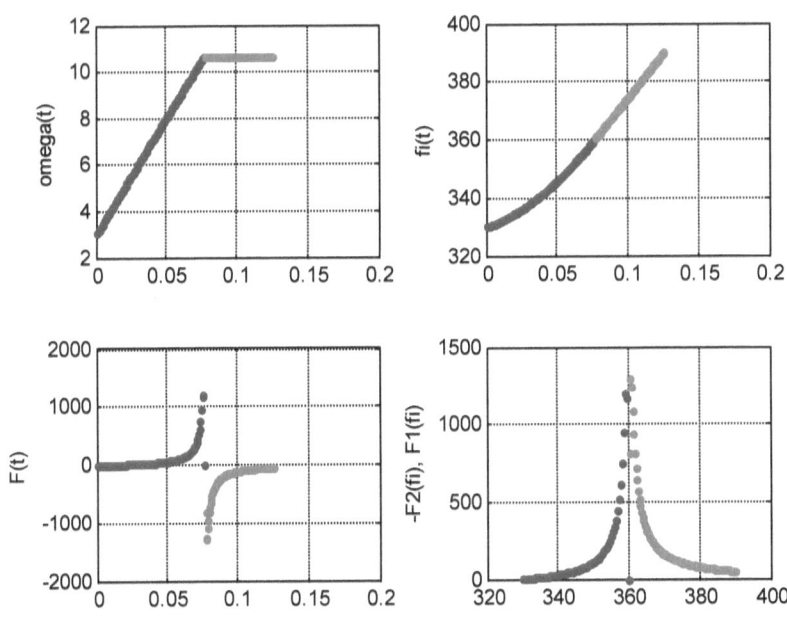

Рис. 4 (subaldo5.m, mode=9)

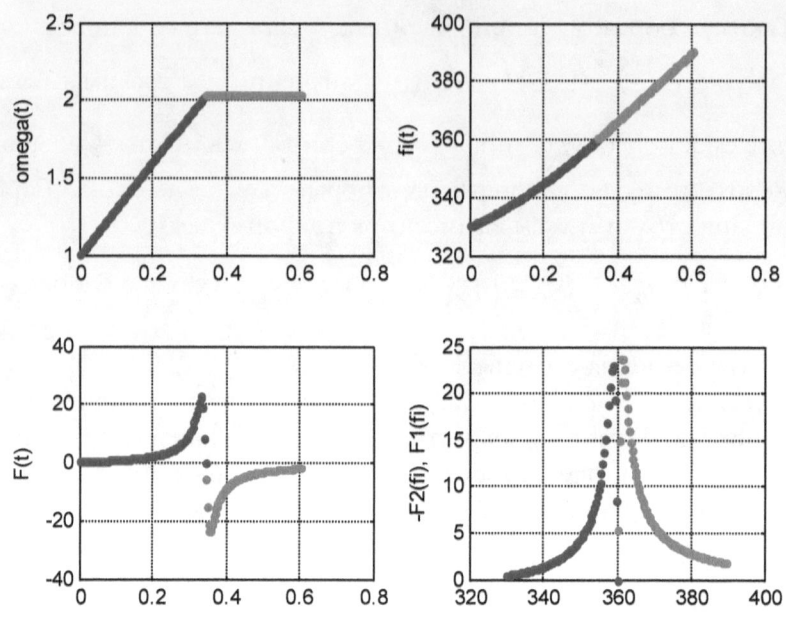

Рис. 5 (subaldo5.m, mode=10)

4. Возможные модификации

В описании инерциоида декларируется, что двигатель выключается в т. А – см. рис. 1-3. Рассмотрим теперь поведение инерциоида, когда двигатель выключается в т. Е – сравни рис. 3 и рис. 6. На рис. 7 приведены и в табл. 1 приведены результаты решения. В этом случае грузы вращаются с постоянным ускорением ε, набирая скорость от $\omega_A = \omega_1$ в т. А до $\omega_E = \omega_2$ в т. Е. Сравнение вариантов 2 и 3 показывает, что импульс силы в последнем случае значительно превышает импульс силы в варианте 2.

Рассмотрим еще поведение инерциоида, если грузы вращаются с постоянным замедлением $(-\varepsilon)$, уменьшая скорость от $\omega_A = \omega_2$ в т. А до $\omega_E = \omega_1$ в т. Е. В этом варианте 4 импульс силы имеет ту же величину, но противоположный знак по сравнению с импульсом силы в варианте 3 – см. рис. 8 и табл. 1.

Учитывая вышесказанное, можно предложить следующую диаграмму включения двигателя – см. рис. 9. Грузы разгоняются на участке CE с ускорением ε и тормозятся на участке DF с замедлением $(-\varepsilon)$. При этом в т. А и В грузы создают <u>однонаправленные</u> импульсы (напраленные по АВ – см. рис 1), т.е. грузы создают полезный импульс в обоих точках сближения А и В.

Таким образом, если предлагаемая теория верна, то эффективность инерциоида может быть существенно повышена изменением временной диаграммы включения двигателя.

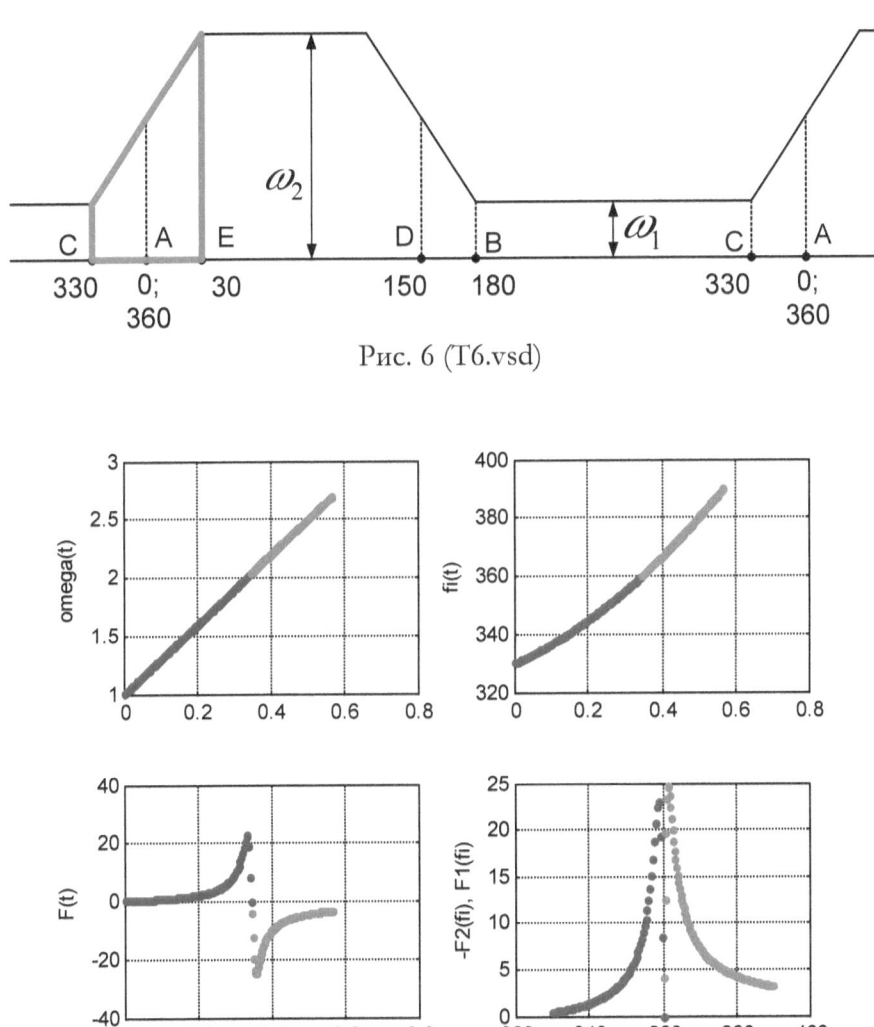

Рис. 6 (T6.vsd)

Рис. 7 (subaldo5.m, mode=12)

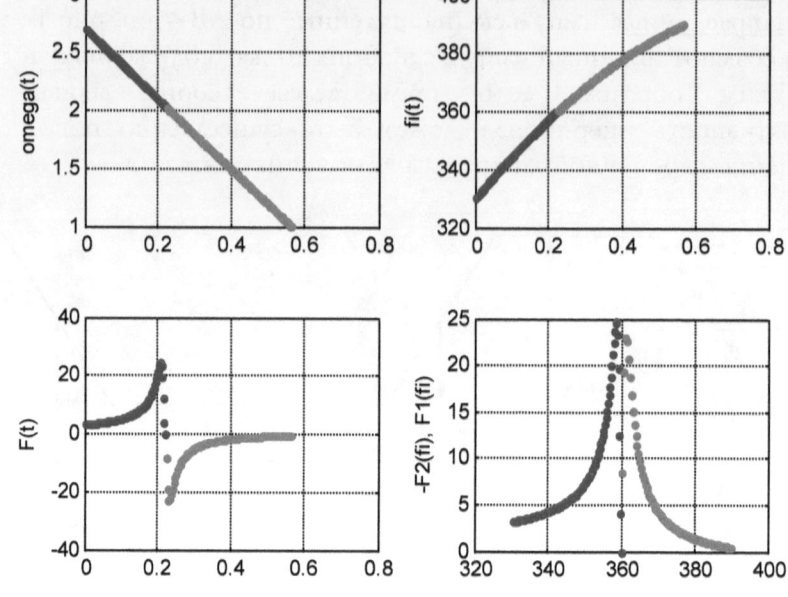

Рис. 8 (subaldo5.m, mode=22)

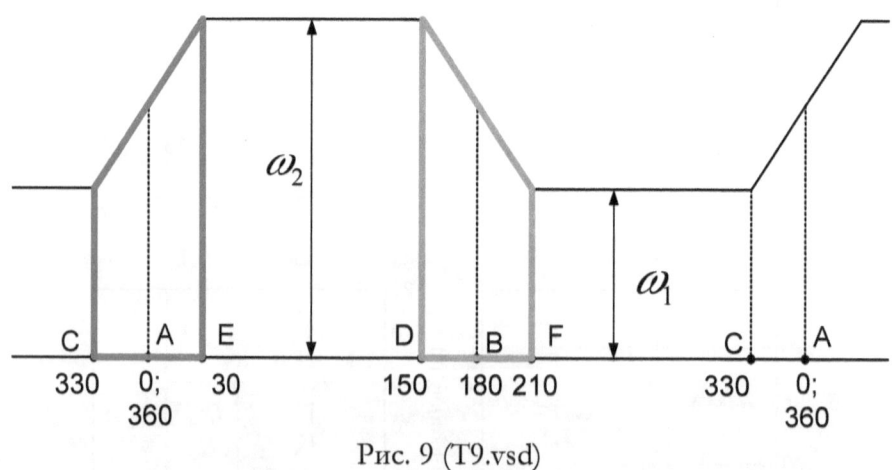

Рис. 9 (T9.vsd)

5. Выводы

Итак, под действием гравитомагнитных сил Лоренца инерциоид Толчина может совершать безопорное движение (что обсуждалось во введении). Однако для этого должны соблюдаться определенные соотношения между скоростями вращения на различных участках окружности вращения. Толчину удалось найти эти соотношения и реализовать их в своей конструкции.

Предлагаемая теория позволяет рассчитать эти соотношения предварительно. Этим фактом можно воспользоваться для проверки теории: если инерциоид будет двигаться\не двигаться точно в соответствии с расчетом, то это может служить доказательством справедливости теории. Кроме того, теория позволят предложить полезные модификации инерциоида. Проверка этой возможности позволит проверить справедливости теории.

Точное значение ξ_b пока не известно. Но при действующем инерциоиде можно решить обратную задачу и найти ξ_b, а затем проектировать другие инерциоиды.

Силы Лоренца, как известно, не совершают работу. Однако, влияние гравитомагнитных сил Лоренца приводит к тому, что появляется кинетическая энергия платформы. Очевидно, источником этой энергии является энергия внутреннего двигателя. Это подобно тому, как источником дополнительной энергии при движении проводника с током в магнитном поле (под действием силы Ампера, являющейся следствием силы Лоренца) является электрическая энергия.

Инерциоид движется по инерции получая периодически импульс сил Лоренца. Поэтому его, по-прежнему, можно называть инерциоидом (хотя не силы инерции являются движущими силами). Его и следует называть инерциоидом, поскольку это название продержалось около века.

Впрочем, аналогично рассмотренной гравитационной задаче движения масс можно рассмотреть точно такую же задачу движения электрических зарядов (где не возникнет вопроса об источнике энергии и возможности безопорного движения). В [6] рассмотрена более сложная конструкция с вращающимися электрическими зарядами. Имея в виду вышеизложенное, можно в ней заменить электрические заряды массами – см. рис. 10. Эти массы вращаются непрерывно и равномерно. Тогда получится конструкция, которую в отличие от инерциоида Толчина (где грузы движутся в плоскости) можно назвать трехмерным инерциоидом.

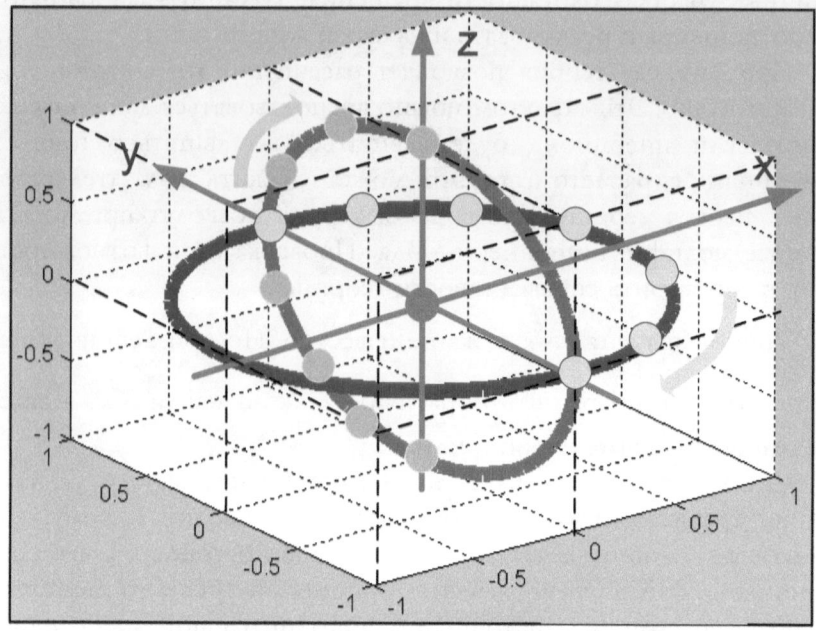

Рис. 10 (DwePoluokrugnostiZaradow.vsd)

Литература

1. Толчин В.Н. Инерцоид. Пермь, Пермское книжное издательство, 1977.

2. Жигалов В.А. Некоторые актуальные вопросы безопорного движения,
   http://second-physics.ru/lib/articles/zhigalov_issues.pdf

3. Инерциоиды. Википедия,
   http://ru.wikipedia.org/wiki/Инерциоиды

4. Р. Фейнман, Р. Лейтон, М. Сэндс. Феймановские лекции по физике. Т. 6. Электродинамика. Москва, изд. "Мир", 1966.

5. Зильберман Г.Е. Электричество и магнетизм, Москва, изд. "Наука", 1970.

6. Хмельник С.И. Безопорное движение без нарушения физических законов, «Доклады независимых авторов», изд. «DNA», printed in USA, ISSN 2225-6717, Lulu Inc., ID 13325013, Россия-Израиль, 2012, вып. 21, ISBN 978-1-300-33987-8.

7. Хмельник С.И. Экспериментальное уточнение максвеллоподобных уравнений гравитации, «Доклады независимых авторов», изд. «DNA», printed in USA, ISSN

2225-6717, Lulu Inc., ID 13325013, Россия-Израиль, 2012, вып. 21, ISBN 978-1-300-33987-8.

8. Самохвалов В.Н. Статьи в журнале «Доклады независимых авторов», изд. «ДНА», ISSN 2225-6717, Россия – Израиль, 2009, вып. 13; 2010, вып. 14; 2010, вып. 15; 2011, вып. 18; 2011, вып. 19; 2013, вып. 24.

9. Голубева О.В. Теоретическая механика. Изд."Высшая Школа", 1976.

10. Г. Шипов Четверть века борьбы за новый космический движитель. 3, Октябрь, 2008, http://blog.kob.spb.su/2008/10/03/168/

Серия: ФИЗИКА И АСТРОНОМИЯ

Хмельник С.И.

Еще об экспериментальном уточнении максвеллоподобных уравнений гравитации

Аннотация

Эта статья является исправленной и дополненной редакцией предыдущей статьи [16] с учетом новой статьи Самохвалова и других статей [17-19]. Итак, рассматриваются максвеллоподобные уравнения гравитации и эксперименты Самохвалова. Отмечается, что наблюдаемые эффекты настолько значительны, что для их объяснения в рамках указанных максвеллоподобных уравнений гравитации необходимо дополнить эти уравнения некоторым эмпирическим коэффициентом, который можно назвать гравитационной проницаемостью среды. Далее показывается, что при таком дополнении результаты экспериментов хорошо согласуются с модифицированными таким образом уравнениями гравитации. Дается грубая оценка величины этого коэффициента. Рассматриваются некоторые следствия из указанных уравнений, в частности, гравитационное возбуждение электрического тока, воздействие гравитомагнитной индукции на электрический ток. Указываются некоторые феномены, которые могут быть объяснены с привлечением указанных уравнений.

Оглавление

1. Вступление

Известны уравнения Максвелла для электромагнитного поля в форме (1), предложенной Хевисайдом [1] (формулы приведены в приложении 1). Хевисайд является также автором теории гравитации [2], в которой гравитационное поле описывается аналогичными по форме уравнениями (3). В дальнейшем было показано [3], что в слабом гравитационном поле при малых скоростях из основных уравнений ОТО можно вывести гравитационные аналоги уравнений электромагнитного поля, которые имеют тот же вид (3).

Итак, в слабом гравитационном поле Земли можно пользоваться максвеллоподобными уравнениями для описания гравитационных взаимодействий. Это означает, что существуют гравитационные волны, имеющие гравитоэлектрическую составляющую с напряженностью E_g и гравитомагнитную составляющую с индукцией B_g. На массу m, движущуюся в магнитном поле со скоростью v, действует гравитомагнитная сила Лоренца (аналог известной силы Лоренца) вида (в системе СГС)

$$F = \varsigma \frac{m}{c}\left[v \times B_g\right],\tag{1}$$

где ς - коэффициент, равный 1 у Хевисайда и равный 2 в ОТО.

Самохвалов [4-8] задумал и выполнил серию неожиданных и удивительных экспериментов, которые, по-видимому, можно объяснить взаимодействием неравномерных токов масс. Неравномерные токи масс J_g создают переменные гравитоэлектрическую напряженность E_g и гравитомагнитную индукцию B_g. При взаимодействии этой индукции с массами m, движущимися со скоростью v возникает гравитомагнитная сила Лоренца. Важно отметить, что эффекты настолько значительны, что для их объяснения в рамках указанных максвеллоподобных уравнений гравитации необходимо дополнить эти уравнения некоторым эмпирическим коэффициентом ξ. Далее показывается, что при таком дополнении результаты экспериментов хорошо согласуются с модифицированными уравнениями гравитации.

Итак, на основании экспериментов Самохвалова максвеллоподобные уравнения гравитации должны быть переписаны в виде

$$\mathrm{div}E_g = 4\pi Gm, \tag{2}$$

$$\mathrm{div}B_g = 0, \tag{3}$$

$$\mathrm{rot}E_g = -\frac{1}{c}\frac{\partial B_g}{\partial t}, \tag{4}$$

$$\mathrm{rot}B_g = \frac{4\pi G\xi}{c}J_g + \frac{1}{c}\frac{\partial E_g}{\partial t}. \tag{5}$$

где величина коэффициента ξ определяется ниже из указанных экспериментов. Этот коэффициент можно назвать <u>гравитационной проницаемостью</u> среды.

Сила Лоренца для массы

$$F = mE_g + \varsigma\frac{m}{c}\left[v \times B_g\right], \tag{6}$$

2. Некоторые аналогии и следствия

Здесь мы рассмотрим некоторые аналогии между электродинамикой и гравитоэлектродинамикой, а также следствия из рассмотренных выше уравнений. На качественную аналогию такого рода указывает Самохвалов в [4-8]. Одно из следствий описано в [9].

2.1. Индукция кольцевого массового тока

Магнитный поток Φ, проходящий через площадь S витка длины L, по которому течет переменный электрический ток J, в системе СГС

$$\Phi = \frac{4\pi\mu}{c} \cdot \frac{SJ}{L}.$$

(1)

Средняя по площади S индукция

$$B = \frac{4\pi\mu J}{cL}.$$

(2)

Если виток является кольцом радиуса R, то

$$B = \frac{2\mu J}{cR}.$$

(3)

Предположим теперь, что по кольцу течет переменный массовый ток J_g. Тогда, не рассматривая техническую реализацию, по аналогии из (1.5) получим

$$B_g = \frac{2G\xi J_g}{cR}.$$

(4)

Сопоставляя эти формулы находим гравимагнитный поток Φ_g, проходящий через площадь S витка длины L, по которому течет переменный массовый ток J_g:

$$\Phi_g = \frac{4\pi G\xi}{c} \cdot \frac{SJ_g}{L}.$$

(4a)

2.2. Гравитационное возбуждение электрического тока

Из (1.4) следует, что гравитодвижущая сила, создаваемая гравитомагнитным потоком в контуре массового тока,

$$\varepsilon_g = \frac{1}{c} \cdot \frac{d\Phi_g}{dt}.$$

(5)

Сила индукционного электрического тока в замкнутом контуре (в системе СГС)

$$J = \frac{1}{cR_e} \cdot \frac{d\Phi}{dt},$$

(5a)

где R_e - сопротивление движению этих электронов. Этот ток в металле создается свободными электронами с зарядом e_o. По аналогии с учетом (5) находим, что переменный гравитомагнитный поток Φ_g также создает вихревой индукционный массовый ток

$$J_g = \frac{1}{cR_m} \cdot \frac{d\Phi_g}{dt},$$ (6)

где R_m - сопротивление движению массовых частиц. Этот ток в металле создается свободными электронами с массой m_e. Тогда $R_m = R_e$ - сопротивлению движению этих электронов. В этом случае массовому току J_g соответствует электрический ток

$$J_{ge} = J_g \frac{e_o}{m_e}.$$ (7)

Известно, что

$$m_e \approx 9.1 \cdot 10^{-34} \text{г}, \ e_o \approx 1.6 \cdot 10^{-19} \text{Кл},$$

$$\eta = \frac{e_o}{m_e} \approx 1.8 \cdot 10^{14} \frac{\text{Кл}}{\text{г}}.$$ (8)

Следовательно, сила индукционного электрического тока, создаваемого переменным гравитомагнитным потоком Φ_g,

$$J_{ge} = \frac{\eta}{cR_e} \cdot \frac{d\Phi_g}{dt}.$$ (9)

Аналогично (7), электрическому току J соответствует массовый ток

$$J_{gm} = J \frac{m_e}{e_o}.$$ (9a)

Следовательно, сила массового тока, создаваемого переменным магнитным потоком Φ,

$$J_{gm} = \frac{1}{cR_e \eta} \cdot \frac{d\Phi}{dt}.$$ (9b)

2.3. Вращение пористого кольца

Рассмотрим кольцо со средним радиусом R, сделанное из пористого металла и электрически заряженное. Очевидно, заряды располагаются на поверхностях пор. Приближенно можно полагать, что плотность распределения зарядов по окружности кольца описывается функцией вида

$$\rho(\varphi) \approx \rho_o \cdot (1 + \sin(\lambda\varphi)), \tag{10}$$

где

ρ_o - константа,

φ - угловая координата,

λ - длина "волны", зависящая от среднего расстояния между порами.

Если привести кольцо во вращение с некоторой угловой скоростью ω, то плотность распределения зарядов по окружности кольца станет функцией от времени t вида

$$\rho(t) \approx \rho_o \cdot (1 + \sin(\lambda\omega t)), \tag{11}$$

Ток, текущий по кольцу,

$$J(t) = \frac{d\rho(t)}{dt} \approx \rho_o \cdot \lambda\omega \cdot \cos(\lambda\omega t), \tag{12}$$

где m_o - константа. Этот ток создает магнитный поток, перпендикулярный плоскости кольца. Средняя по площади кольца магнитная индукция этого потока определяется в системе СГС формулой (3). Следовательно, средняя по площади кольца магнитная индукция вращающегося заряженного пористого кольца

$$B \approx 2\rho_o\omega\lambda \cdot \cos(\lambda\omega t)/(cR). \tag{13}$$

По аналогии можно утверждать, что вращающееся пористое кольцо создает массовый ток

$$J_g(t) = \frac{dm(t)}{dt} \approx m_o \cdot \lambda\omega \cdot \cos(\lambda\omega t). \tag{14}$$

Тогда из (4) найдем, что этот ток создает переменную гравитомагнитную индукцию

$$B_g \approx 2m_o \xi G \omega\lambda \cdot \cos(\lambda\omega t)/(cR). \tag{15}$$

2.4. Индукция движущегося тела

Известно, что индуция поля в среде с магнитной проницаемостью μ, создаваемого зарядом q, движущимся со скоростью v, в некоторой точке равна

$$\overline{B} = \mu q \left(\overline{v} \times \overline{r} \right) cr^3 . \tag{16}$$

При этом вектор $\overline{r}$ направлен из точки, где находится движущийся заряд q_1 в рассматриваемую точку. Аналогично, гравитомагнитная индукция поля, создаваемого массой m, движущейся со скоростью $\overline{v}$, в некоторой точке равна

$$\overline{B}_g = \xi Gm \left(\overline{v} \times \overline{r} \right) cr^3 , \tag{17}$$

Поскольку, как показано в разделе 2.2, электронный ток является одновременно и массовым током, гравитомагнитная индукция может создавать Лоренцову силу, действующую на электрический ток.

2.5. Гравитомагнитный закон Био-Савара-Лапласа

Известно, что электрический ток J создает магнитную индукцию, определяемую законом Био-Савара-Лапласа в виде

$$\overline{dB} = \frac{\mu \cdot J}{r^3 c} \left[\overline{dL} \times \overline{r} \right] \tag{18а}$$

где $\overline{dL}$ - вектор-элемент проводника с током, $\overline{r}$ - вектор между этим элементом и точкой, где определяется индукция. Этот закон в настоящее время рассматривается как следствие уравнений Максвелла. Поэтому можно утверждать, что аналогичный закон для гравитомагнитной индукции, создаваемой массовым током. В этом случае закон Био-Савара-Лапласа записывается в следующем виде:

$$\overline{dB}_g = \frac{\xi Gm}{r^3 c} \left[\overline{v} \times \overline{r} \right] \tag{18в}$$

где $\overline{v}$ - вектор скорости массы m.

2.6. Гравитомагнитная сила Ампера

Известно, что на проводник с электрическим током $\overline{J}$ в магнитном поле с индукцией $\overline{B}$ действует сила Ампера (на единице длины)

$$\overline{F}_a = \frac{1}{c} \left(\overline{J} \times \overline{B} \right) \tag{19}$$

Аналогично, на проводник с массовым током $\overline{J_g}$ в гравитомагнитном поле с индукцией $\overline{B_g}$ действует гравитомагнитная сила Ампера

$$F_{ag} = \frac{1}{c}\left[\overline{J_g} \times \overline{B_g}\right], \qquad (20)$$

Рассмотрим случай, когда массовый ток является следствием электрического тока, т.е. частицы – переносчики заряда образуют массовый ток. Тогда

$$J_g = J\eta, \qquad (21)$$

$$\eta = m/q, \qquad (22)$$

где m, q – масса и заряд частицы. При этом на проводник с электрическим током $\overline{J}$ в гравитомагнитном поле с индукцией $\overline{B_g}$ действует гравитомагнитная сила Ампера

$$F_{age} = \frac{\varsigma\eta}{c}\left[\overline{J} \times \overline{B_g}\right]. \qquad (23)$$

Например, если заряженной частицей является электрон, то

$$m_e \approx 9.1 \cdot 10^{-34}\,\text{г}, \quad e_o \approx 1.6 \cdot 10^{-19}\,\text{Кл},$$

$$\eta = \frac{m_e}{e_o} \approx 0.6 \cdot 10^{-14}\,\frac{\text{г}}{\text{Кл}}. \qquad (24)$$

Если же заряженной частицей является ион с массой $m = h \cdot m_e$, то

$$\eta = \frac{h \cdot m_e}{e_o} \approx 0.6h \cdot 10^{-14}\,\frac{\text{г}}{\text{Кл}}. \qquad (25)$$

и для сложных молекул $\eta \Rightarrow 1$. Таким образом, возможны значительные гравитомагнитные силы Ампера при взаимодействии гравитомагнитной индукции с электрическим током.

2.7. Плотность энергии магнитной волны

Известно, что плотность энергии электромагнитной волны [10],

$$W = \frac{B^2}{8\pi}\left[\frac{\text{г}}{\text{см} \cdot \text{сек}^2}\right] \qquad (26)$$

Применяя приведенный там вывод для уравнений (1.2-1.5) гравитоэлектромагнитной волны, находим

$$W_g = \frac{B_g^2}{8\pi G}.$$

$$(27)$$

2.8. Индукция проводника с током

Известно, что магнитная индукция бесконечного проводника с электрическим током

$$B = 2J/(cd),$$

$$(28)$$

где d - расстояние от проводника до точки измерения. Аналогично, гравитомагнитная индукция бесконечного проводника с массовым током

$$B_g = 2\xi G J_g/(cd).$$

$$(29)$$

3. Некоторые экспериментальные оценки

Анализ экспериментов Самохвалова [4-8], выполненный в приложении 2, позволяет получить грубую оценку коэффициента ξ гравитационной проницаемости. Там показано, что для вакуума

$$\xi \approx 10^{12}.$$

$$(30)$$

Эта величина может быть сильно занижена, поскольку эксперименты выполнялись при среднем вакууме, а ξ растет с уменьшением давления. При атмосферном давлении $\xi \Rightarrow 0$, что объясняет отсутствие видимых эффектов гравитационного взаимодействия движущихся масс.

Гравитационная проницаемость среды входит теперь в уравнение для ротора гравитомагнитной индукции также, как магнитная проницаемость среды входит в уравнение для ротора магнитной индукции.

Для выявления природы уменьшения гравитационной проницаемости воздуха по сравнению с гравитационной проницаемостью вакуума заметим, что магнитная проницаемость электропроводных материалов резко уменьшается с увеличением частоты тока, создающего магнитное поле (из-за появления токов Фуко, экранирующих магнитную индукцию). Можно предположить, что под действием переменного гравимагнитного поля движущиеся молекулы воздуха ведут себя аналогично свободным электронам в проводнике под действием переменного магнитного поля – в воздухе создаются гравитационные "массовые токи Фуко", экранирующие гравимагнитную индукцию. В таком случае можно предположить, что при низких скоростях движения масс даже в атмосфере могут наблюдаться значительные эффекты.

Существует несколько феноменов, которые могут быть объяснены с привлечением рассмотренных выше уравнений (1.2-1.5) – см. [9, 11-15, 18-20].

Приложения.

В каждом приложении формулы нумеруются самостоятельно, а ссылки на эти формулы записываются в виде *"(п.'номер приложения и раздела в нем')"*.

Приложение 1. Уравнения электромагнетизма и гравитоэлектромагнетизма

Ниже приняты следующие обозначения:

- q – электрический заряд $\left[\sqrt{\text{г}\cdot\text{см}}\right]$;

- ρ - плотность электрического заряда $\left[\sqrt{\text{г}\cdot\text{см}}\middle/\text{см}^3\right]$;

- J - плотность электрического тока $\left[\dfrac{1}{\text{см}\cdot\text{сек}}\sqrt{\dfrac{\text{г}}{\text{см}}}\right]$;

- c - скорость света в вакууме; $c \approx 3\cdot10^{10}\,[\text{см}/\text{сек}]$;

- E – напряжённость электрического поля
$$\left[\sqrt{\text{г}\cdot\text{см}}\middle/\text{сек}^2 = 3\cdot10^4\,\text{В}/\text{м}\right];$$

- B – магнитная индукция $\left[\dfrac{1}{\text{сек}}\sqrt{\dfrac{\text{г}}{\text{см}}} = \text{Гс}\right]$;

- ε - диэлектрическая проницаемость среды, равная 1 для вакуума в системе СГС;

- μ - магнитная проницаемость среды, равная 1 для вакуума в системе СГС;

- v – скорость $[\text{см}/\text{сек}]$;

- F – сила $\left[\text{дина} = \text{г}\cdot\text{см}/\text{сек}^2\right]$;

- m – масса $[\text{г}]$;

- ρ_g - плотность массы $\left[\text{г}/\text{см}^3\right]$;

- J_g - плотность тока массы $\left[\text{г}/\text{см}^2\text{сек}\right]$;
- G - гравитационная постоянная,

$$G \approx 7 \cdot 10^{-8} \left[\frac{\text{дин} \cdot \text{см}^2}{\text{г}^2} = \frac{\text{см}^3}{\text{г} \cdot \text{сек}^2} \right];$$

- E_g - напряжённость гравитоэлектрического поля $\left[\text{см}/\text{сек}^2\right]$;
- B_g - гравитомагнитная индукция $\left[\text{см}/\text{сек}^2\right]$;
- ξ - гравимагнитная проницаемость среды.

Уравнения Максвелла для электромагнетизма в среде (без учета намагниченности среды) в гаусовой системе СГС имеют вид [1]:

$$\text{div}E = 4\pi\rho/\varepsilon, \tag{1}$$

$$\text{div}B = 0, \tag{2}$$

$$\text{rot}E = -\frac{1}{c}\frac{\partial B}{\partial t}, \tag{3}$$

$$\text{rot}B = \frac{4\pi \cdot \mu}{c}J + \frac{\varepsilon}{c}\frac{\partial E}{\partial t}. \tag{4}$$

Сила Лоренца для электрического заряда

$$F = qE + \frac{q}{c}\left[v \times B\right]. \tag{5}$$

Уравнения для гравитоэлектромагнетизма в среде в гаусовой системе СГС [3], дополненные по аналогии с уравнениями (1-4) проницаемостью ξ, имеют вид:

$$\text{div}E_g = 4\pi G\rho_g, \tag{6}$$

$$\text{div}B_g = 0, \tag{7}$$

$$\text{rot}E_g = -\frac{1}{c}\frac{\partial B_g}{\partial t}, \tag{8}$$

$$\text{rot}B_g = \frac{4\pi G\xi}{c}J_g + \frac{1}{c}\frac{\partial E_g}{\partial t}. \tag{9}$$

Гравитомагнитная сила Лоренца для массы

$$F = mE_g + \varsigma\frac{m}{c}\left[v \times B_g\right], \tag{10}$$

где ς - коэффициент, равный 1 у Хевисайда и равный 2 в ОТО.

Приложение 2. Эксперименты Самохвалова
2.1. Эксперимент 1

Рассмотрим эксперимент Самохвалова, описанный в [4]. Два диска помещены в вакуумную камеру, разбалансированы (перекосом осей) и вращаются в одну сторону. При этом оба диска перегреваются. Технические параметры установки таковы:

- материал дисков   алюминий
- давление в камере   1Па
- плотность аллюминия $\rho \approx 2.7 г/см^3$
- толщина дисков $h \approx 0.09 см$
- диаметр дисков $2R = 16.5 см$
- зазор между дисками $d \approx 0.3 см$
- биение по торцам $0.05 см$
- количество оборотов $f \approx 50 / сек$
- температура перегрева (в [4] сказано, что измеренное через несколеьо минут повышение температуры составляло $50К$)

Будем рассматривать вращение диска как массовый ток. Можно полагать, что этот ток образуется движением массы по окружности внешней полосы диска радиусом $R \approx 7 см$ и размером сечения

$$S \approx 0.3 \cdot 2.5 см^2 \approx 7.5 см^2 . \tag{1}$$

Скорость этой массы

$$v = 2\pi R \cdot f \approx 2\pi \cdot 7 \cdot 50 \approx 2200 см/сек . \tag{2}$$

Следовательно, массовый ток

$$J_g = S\rho v \approx 7.5 \cdot 2.7 \cdot 2200 = 4400 г/сек . \tag{3}$$

Этот ток является переменным из-за биения дисков. В соответствии с (2.4) этот ток вызывает переменную аксиальную (по оси ox диска) индукцию, среднюю по площади круга радиусом R,

$$B_g = \frac{2\xi G J_g}{cR} \tag{4}$$

или

$$B_g = \frac{2 \cdot \xi \cdot 7 \cdot 10^{-8} \cdot 4400}{3 \cdot 10^{10} \cdot 7} \approx 3\xi \cdot 10^{-15} . \tag{5}$$

Эта индукция является переменной во времени из-за биений. Будем полать, что круговая частота этой индукции равна

$$\omega \approx 2\pi f = 314.$$

(6)

В соответствии с (2.9), сила вихревого электрического тока, создаваемого переменным гравитомагнитным потоком,

$$J_{ge} = \frac{\eta}{cR_e} \cdot \frac{d\Phi_g}{dt}.$$

(7)

или

$$J_{ge} = \frac{\eta\omega}{cR_e} \cdot \Phi_g.$$

(8)

В нашем случае

$$\Phi_g = \beta\pi R^2 B_g = \beta\pi R^2 \cdot 3 \cdot 10^{-15},$$

(9)

где β – коэффициент ослабления индукции на уровне ведомого диска (из-за зазора). Следовательно,

$$J_{ge} = \frac{\eta\omega}{cR_e} \cdot \beta\pi R^2 B_g$$

(10)

или

$$J_{ge} = \frac{1.8 \cdot 10^{14} \cdot 314}{3 \cdot 10^{10} R_e} \cdot \beta\pi 8.25^2 \cdot 3 \cdot \xi 10^{-15} = \frac{\xi\beta}{R_e} 10^{-6}$$

(10а)

Этот электрический ток повышает температуру диска. В эксперименте показано, что температура диска повысилась на $\Delta T \approx 100$ градусов. Рассмотрим эквивалентное напряжение

$$E_e = J_{ge} R_e$$

(11)

и будем полагать, что так повысить температуру диска могло бы напряжение E_e. Из (10а, 11) находим

$$E_e = \xi\beta 10^{-6}.$$

(12)

Предположим, что такое эквивалентное напряжение $E_e = 200$. Тогда найдем

$$\xi\beta \approx 2 \cdot 10^8.$$

(13)

Здесь ξ зависит от давления, а β зависит от зазора. Полагая, что $\beta \approx 1/d^2$ и зная $d \approx 0.3$см, находим $\beta \approx 0.01$. Таким образом, на основании эксперимента Самохвалова можно предполагать, что <u>при указанных условиях</u> коэффициент гравитационной проницаемости при давлении 0.1 атм равен величине

$$\xi_p(0.1) \approx 2 \cdot 10^{10}. \qquad (14)$$

2.2. Эксперимент 2

Рассмотрим эксперименты Самохвалова, описанные в [5]. Два диска помещены в вакуумную камеру, разбалансированы (перекосом осей). Первый из них вращается принудительно, а второй раскручивается за счет воздействия первого. Частота f_2 вращения второго (при постоянной частоте вращения первого) зависит от зазора между дисками d и давления в вакуумной камере p. Можно полагать, что частота вращения ведомого диска

$$f_2(p,d) = f_{2p}(p) \cdot f_{2d}(d). \qquad (1)$$

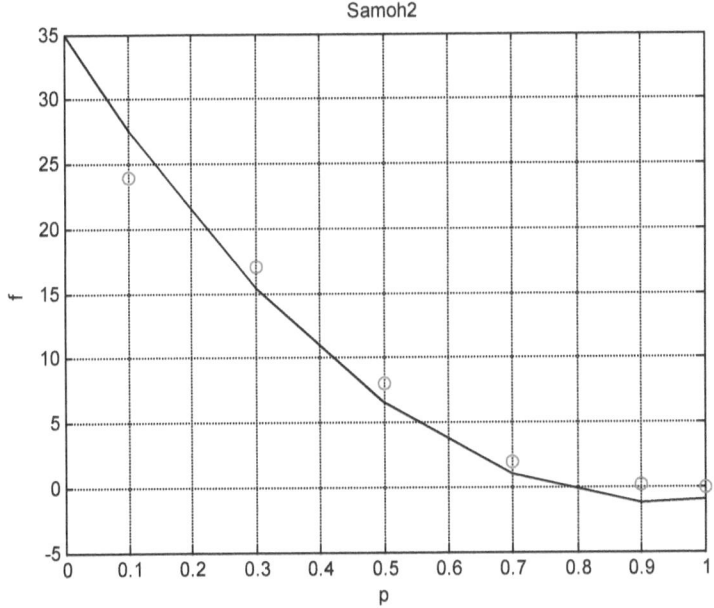

Рис. 1.

В эксперименте исследуются эти зависимости.

Зависимость частоты от давления дана в [5] на рис. 2, откуда находим при $d = 0.2$:

```
p=[0.1 ,0.3 ,0.5 ,0.7,0.9,1] (атм),
f=[24, 17, 8, 2, 0.2, ε],
```

где ε – малая величина, которую не представляется возможным определить по результатам эксперимента. На рис. 1 показана эта экспериментальная зависимость (кружками) и (сплошной линией) аппроксимирующая функция в виде полинома с 5-ю членами. Будем полагать, что

$$f_2\left(p, d = 0.2\right) = f_{2p}(p) \cdot f_{2d}(0.2) \qquad (2)$$

В частности, по аппроксимирующей функции находим:

$$f_2(0.1,\ 0.2) = 25,\quad f_2(0,\ 0.2) \approx 35. \qquad (2a)$$

Зависимость частоты от расстояния дана в [5, рис. 3], откуда находим:

```
d=[0.15, 0.2, 0.25, 0.3] (см),
f1=[24, 17, 6, 5] при p = 1атм,
f102=[30, 25, 12, 10] при p = 1.02атм.
```

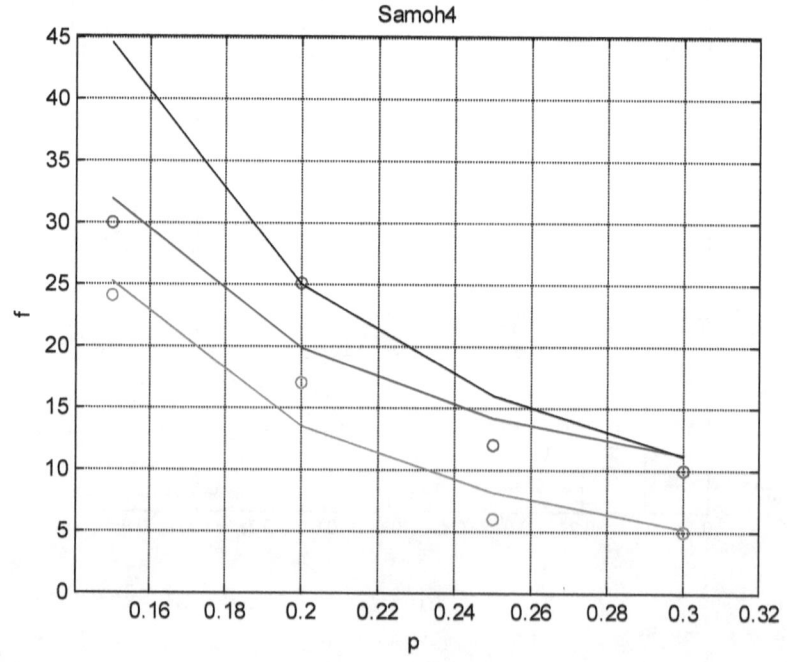

Рис. 2.

На рис. 2 показаны эти экспериментальные зависимости (кружками), их аппроксимирующие функции (сплошной линией) вида $a + b/d^2$ и функция

$$f_{2d}(d) = 1/d^2 .$$ (3)

В первом приближении для дальнейшего будем пользоваться функцией (2). В частности, при $d = 0.2$ (см) имеем:

$$f_{2d}(0.2) \approx 25 .$$ (3a)

Анализ функций $f_{2p}(p)$ и $f_{2d}(d)$

Учитывая (2, 3a), находим:

$$f_{2p}(p) = f_2(p, 0.2)/f_{2d}(0.2) = 0.04 f_2(p, 0.2).$$ (4)

В частности, из (2a) находим:

$$f_{2p}(0.1) = 0.04 f_2(0.1,\ 0.2) = 0.04 \cdot 25 = 1 ,$$ (5)

$$f_{2p}(0) = 0.04 f_2(0,\ 0.2) = 0.04 \cdot 35 \approx 1.5 ,$$ (6)

Ниже в (п.3.7) показано, что

$$f_{2p}(p) = \vartheta \cdot \xi_p^2(p) .$$ (8)

Таким образом,

$$\xi_p(p) \approx \sqrt{\frac{f_{2p}(p)}{\theta}} ,$$ (9)

Из (9) следует, что

$$\frac{\xi_p(0)}{\xi_p(p)} \approx \sqrt{\frac{f_{2p}(0)}{f_{2p}(p)}} ,$$ (10)

В эксперименте 1 показано, что

$$\xi_p(0.1) \approx 2 \cdot 10^{10} .$$ (11)

Совмещая (5, 6, 10, 11), получаем:

$$\xi_p(0) \approx \xi_p(0.1) \sqrt{\frac{f_{2p}(0)}{f_{2p}(0.1)}} \approx 2 \cdot 10^{10} \sqrt{\frac{1.5}{1}} \approx 2.5 \cdot 10^{10}$$

Отсюда находим грубую оценку гравитационной проницаемости вакуума:

$$\xi \approx 10^{10}$$ (13)

2.3. Роль гравитомагнитных сил Лоренца

В экспериментах Самохвалова ведущий диск увлекает ведомый диск. Ниже предлагается объяснение механизма такого явления. Самохвалов отмечает, что сначала возникает вибрация ведущего диска, а затем начинается вращение ведомого диска – длее см. рис. 3.

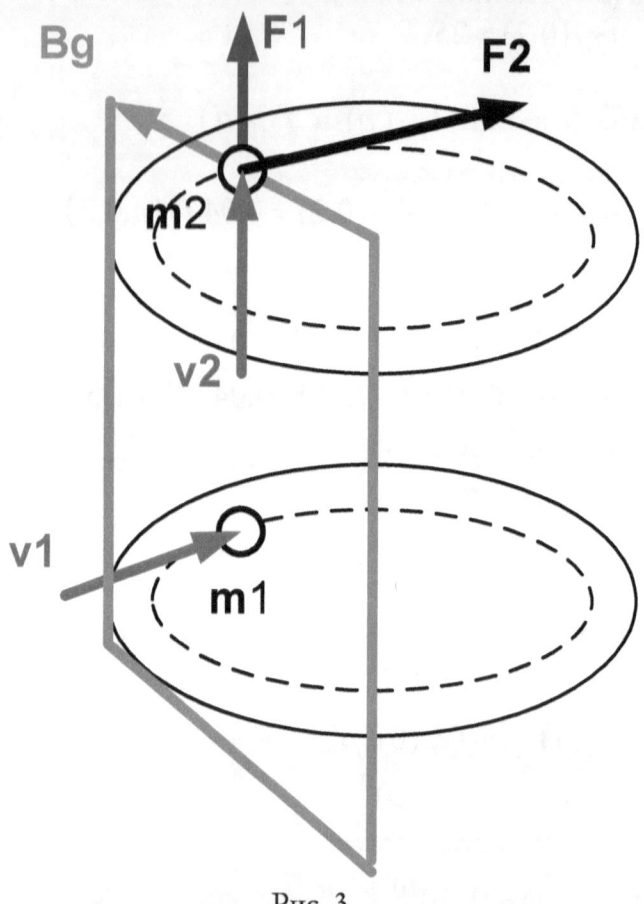

Рис. 3.

Вибрация дисков объясняется следующим образом – **см. рис. 3**. Выше, при анализе эксперимента 1, показано, что ведущий диск представляет собой переменный массовый ток (п.2.1.3) с круговой частотой (п.2.1.6). Этот ток массы m_1, движущийся со скоростью v_1, создает переменную гравимагнитную индукцию B_g (п.2.1.4), которая направлена перпендикулярно массовому току ведущего диска, т.е. по радиусу диска и параллельно его плоскости – см. замкнутую кривую на рис. 3. Вектор этой индукции на уровне ведомого диска движется со скоростью v_1 относительно массы m_2 ведомого диска. При этом возникает гравитомагнитная сила Лоренца, действующая на массу m_2, направленная вертикально и имеющая вид

$$F_1 = m_2 v_1 B_g \frac{\varsigma}{c}. \qquad (1)$$

Выше, при анализе эксперимента 1, показано, что массы m_1, m_2 являются массой окружности внешней полосы диска радиусом $R \approx 7 см$ и размером сечения (п.2.1.1). Эта масса равна

$$m_1 = m_2 = 2\pi RS\rho. \qquad (2)$$

Сила F_1 направлена перпендикулярно плоскости диска и меняется с частотой $f \approx 50/сек$, вызывая вибрацию ведомого диска. Очевидно, скорость v_2 этой вибрации пропорциональна силе F_1, т.е.

$$v_2 = \alpha F_1, \qquad (3)$$

где α – некоторая константа.

Этой же силой можно объяснить "колебательный характер процесса отталкивания экрана с нарастанием амплитуды колебаний (угла отклонения рамки), при установившейся частоте вращения диска", что фиксируется в экспериментах Самохвалова, описанных в [8].

Вращающая сила, действующая на ведомый диск, объясняется следующим образом – **см. рис. 3.**. Рассмотренная выше гравитомагнитная индукция B_g (п.2.1.4), создаваемая ведущим диском, направлена перпендикулярно массовому току ведущего диска, т.е. по радиусу диска и параллельно его плоскости. Эта индукция действует на вертикально вибрирущую массу m_2 ведомого диска гравитомагнитной силой Лоренца (2.18):

$$F_2 = m_2 v_2 B_g \frac{\varsigma}{c}. \qquad (4)$$

Эта сила направлена по касательной к окружности диска, т.к. перпендикулярна направлениям индукции B_g (которая направленна по радиусу диска) и скорости v_2 (которая направлена перпендикулярно плоскости диска). Благодаря тому, что скорость v_2 вибрации и индукция B_g изменяются синхронно, вектор этой силы не меняет направление. Очевидно, скорость вращения ведомого диска пропорциональна силе F_2, т.е. количество его оборотов

$$f_2 = \gamma F_2, \qquad (5)$$

где γ – некоторая константа. Объединяя (1-5), получаем

$$f_2 = \gamma m_2 v_2 B_g \frac{\varsigma}{c} = \gamma m_2 B_g \frac{\varsigma}{c} \alpha F_1 =$$

$$= \gamma m_2 B_g \frac{\varsigma}{c} \alpha m_2 v_1 B_g \frac{\varsigma}{c} = \alpha \gamma \left(m_2 \frac{\varsigma}{c} B_g \right)^2 . \qquad (6)$$

Поскольку гравимагнитная индукция B_g пропорциональна гравимагнитной проницаемости ξ (что следует из (п.1.9) в приложении 1), то количество оборотов ведомого диска

$$f_2 = \vartheta \cdot \xi^2 . \qquad (7)$$

т.е. пропорциональна величине ξ^2 с некоторым коэффициентом пропорциональности. Это соотношение использовано выше при анализе эксперимента 2 – см. (п.2.2.8).

Приложение 3. Некоторые формулы в системе СГС

Наименование	Электромагнетизм	Гравиэлектромагнетизм
Уравнения Максвелла	$\mathrm{div}E = 4\pi\rho/\varepsilon$	$\mathrm{div}E_g = 4\pi G \rho_g$
	$\mathrm{div}B = 0$	$\mathrm{div}B_g = 0$
	$\mathrm{rot}E = -\dfrac{1}{c}\dfrac{\partial B}{\partial t}$	$\mathrm{rot}E_g = -\dfrac{1}{c}\dfrac{\partial B_g}{\partial t}$
	$\mathrm{rot}B = \left(\begin{array}{c} \dfrac{4\pi \cdot \mu}{c} J \\ +\dfrac{\varepsilon}{c}\dfrac{\partial E}{\partial t} \end{array} \right)$	$\mathrm{rot}B_g = \left(\begin{array}{c} \dfrac{4\pi G \xi}{c} J_g \\ +\dfrac{1}{c}\dfrac{\partial E_g}{\partial t} \end{array} \right)$

Сила Лоренца	$F = qE + \dfrac{q}{c}\left[v \times B\right]$	$F = mE_g + \varsigma\dfrac{m}{c}\left[v \times B_g\right]$
Магнитный поток, проходящий через площадь витка с током (п. 2.1)	$\Phi = \dfrac{4\pi\mu}{c} \cdot \dfrac{SJ}{L}$	$\Phi_g = \dfrac{4\pi G\xi}{c} \cdot \dfrac{SJ_g}{L}$
Индукция кольцевого тока (п. 2.1)	$B = \dfrac{2\mu J}{cR}$	$B_g = \dfrac{2G\xi J_g}{cR}$
Движущая сила (п. 2.2)	$\varepsilon = \dfrac{1}{c} \cdot \dfrac{d\Phi}{dt}$	$\varepsilon_g = \dfrac{1}{c} \cdot \dfrac{d\Phi_g}{dt}$
Сила индукционного тока (п. 2.2)	$J = \dfrac{1}{cR_e} \cdot \dfrac{d\Phi}{dt}$	$J_g = \dfrac{1}{cR_m} \cdot \dfrac{d\Phi_g}{dt}$
Индукция движущегося тела (п. 2.4)	$\overline{B} = \mu q\left(v \times \overline{r}\right)cr^3$	$\overline{B}_g = \xi Gm\left(v \times \overline{r}\right)cr^3$
закон Био-Савара-Лапласа (п. 2.5)	$\overline{dB} = \dfrac{\mu \cdot J}{r^3 c}\left[dL \times \overline{r}\right]$	$\overline{dB}_g = \dfrac{\xi Gm}{r^3 c}\left[v \times \overline{r}\right]$
сила Ампера (п. 2.6)	$\overline{F}_a = \dfrac{1}{c}\left(J \times \overline{B}\right)$	$F_{ag} = \dfrac{1}{c}\left[J_g \times B_g\right]$
Плотность энергии магнитной волны (п. 2.7)	$W = \dfrac{B^2}{8\pi}$	$W_g = \dfrac{B_g^2}{8\pi G}$
Индукция проводника с током (п. 2.8)	$B = 2J/(cd)$	$B_g = 2\xi GJ_g/(cd)$

Литература

1. Уравнения Максвелла. Википедия.
2. Oliver Heaviside. A Gravitational and Electromagnetic Analogy. Part I, The Electrician, 31, 281-282 (1893), http://serg.fedosin.ru/Heavisid.htm
3. Гравитомагнетизм. Википедия.

4. Самохвалов В.Н. Массодинамическое и массовариационное взаимодействие движущихся тел. «Доклады независимых авторов», изд. «ДНА», Россия – Израиль, 2009, вып. 13, ISBN 978-0-557-18185-8, printed in USA, Lulu Inc. – С. 110-159.

5. Самохвалов В.Н. Квадрупольное излучение вращающихся масс. "Доклады независимых авторов", изд. "ДНА", Россия – Израиль, 2010, вып. 14, ISBN 978-0-557-28441-2, printed in USA, Lulu Inc. – С. 112-145.

6. Самохвалов В.Н. Силовое действие массовариационного излучения на твердые тела. Доклады независимых авторов», изд. «ДНА», Россия – Израиль, 2010, вып. 15, ISBN 978-0-557-52134-0, printed in USA, Lulu Inc. – С. 175-195.

7. Самохвалов В.Н. Исследование силового действия и отражения квадрупольного излучения вращающихся масс от твердых тел. «Доклады независимых авторов», изд. «ДНА», Россия – Израиль, 2011, вып. 18, ISBN 978-1-257-04063-6, printed in USA, Lulu Inc. – С. 165-187.

8. Самохвалов В.Н. Силовые эффекты при массодинамическом взаимодействии в среднем вакууме. «Доклады независимых авторов», изд. «ДНА», ISSN 2225-6717, Россия – Израиль, 2011, вып. 19, ISBN 978-1-105-15373-0, printed in USA, Lulu Inc. – С. 170-181.

9. Хмельник С.И. Детектирование гравитационных волн. «Доклады независимых авторов», изд. «ДНА», ISSN 2225-6717, Россия – Израиль, 2012, вып. 20, ISBN 978-1-300-07217-1, printed in USA, Lulu Inc., ID 13109103

10. Савельев И.В. Основы теоретической физики. Том 1 – механика, электродинамика. Москва, Физматгиз, 1991.

11. Хмельник С.И. Механизм возникновения и метод расчета турбулентных течений. «Доклады независимых авторов», изд. «ДНА», ISSN 2225-6717, Россия – Израиль, 2012, вып. 21, ISBN 978-1-300-33987-8, printed in USA, Lulu Inc., ID 13325013

12. Хмельник С.И. К теории лозоходства (там же)

13. Хмельник С.И. Активное поле пчелиных сот, (там же)

14. Хмельник С.И., Хмельник М.И. Дополнительные силы взаимодействия небесных тел (там же)

15. Хмельник С.И. Звук и гравитация (там же)

16. Первая редакция этой статьи (там же)

17 Самохвалов В.Н. Исследование и измерение величины силовых эффектов при массодинамическом взаимодействии. «Доклады независимых авторов», изд. «ДНА», ISSN 2225-6717, Россия – Израиль, 2013, вып. 24, ISBN 978-1-304-66049-7, printed in USA, Lulu Inc., ID 14268873

18. Хмельник С.И., Хмельник М.И. Еще о дополнительных (неньютовских) силах взаимодействия небесных тел (там же)

.19. Хмельник С.И. О скорости распространения гравитационного воздействия. «Доклады независимых авторов», изд. «ДНА», ISSN 2225-6717, Россия – Израиль, 2013, вып. 23, ISBN 978-1-300-55019-8, printed in USA, Lulu Inc., ID 13514159

.20. Хмельник С.И. Инерциоид Толчина и ОТО (данный выпуск).

Серия: ФИЗИКА И АСТРОНОМИЯ

Шатов В.В.

Кластеры в источниках излучения. Часть I. Традиционные источники возбуждения атомных оптических спектров: пламя, дуга, искра, плазма, лазер.

Аннотация

В данной части исследования сопоставлены способы производства кластеров с условиями генерации плазмы в излучающих системах. На основании анализа обширного фактического материала доказано присутствие кластеров во всех традиционных источниках возбуждения атомных оптических спектров (пламя, дуга, искра, лазер, плазма) и в газовых лазерах. Сделан вывод, что плазма источников излучения — это кластерная плазма.

Кластеры могут давать узкие линии фотонной эмиссии, что следует учитывать при интерпретации атомных спектров.

Исследование может представлять интерес для развития теории атомных спектров.

Оглавление

1. Введение

Экспериментальные факты показывают, что кластеры присутствуют в самых разнообразных источниках излучения, пучках атомов и ионов, газовых лазерах. При этом кластеры могут давать узкие линии эмиссии. Так в работе [1] рассмотрена люминесценция кластеров Ar, Kr и Xe, возникающая при удалении частиц из кластеров, вследствие необходимости сброса избытка энергии, т.е. вклад в излучение дает фрагментация кластеров. Высокая реакционная способность и четкие линии фотонной эмиссии кластеров дают возможность использовать их в качестве химически активной среды для лазеров. В частности лазеры на основе натриевых кластеров и хлора генерируют излучение в сине-зеленой области видимого спектра. Ввод в плазму молекул, содержащих металлические атомы, используется для кластерных источников света [2]. Взаимодействие кластерного пучка с мощным фемтосекундным лазерным импульсом используется для создания эффективных, компактных источников рентгеновского излучения [3]. В работе [4] отмечается, что появление мягкого рентгеновского излучения неона под действием фемтосекундных лазерных импульсов (после охлаждении газа ниже 150 К) ясно указывает на образование кластеров из атомов неона. При этом рентгеновская спектроскопия является более чувствительным индикатором присутствия малых кластеров, чем метод рэлеевского рассеяния.

Неизбежность образования и фрагментации кластеров в источниках возбуждения излучений, побуждает исследовать роль кластеров в испускании и поглощении света для учета этого факта при интерпретации атомных спектров. В этой связи уместно рассмотреть работу Н.Г. Герасимова [5], в которой исследованы оптические спектры бинарных смесей инертных газов. Было показано, что в смесях (когда в случае малой добавки использовалась примесь более тяжелого газа, менее 0.1%) практически независимо от способов возбуждения излучения (изучалось возбуждение смесей электрическими разрядами, пучками электронов и тяжелых частиц) излучаемый спектр вакуумного ультрафиолета (ВУФ) смеси резко отличается от спектра чистого газа, несмотря на низкую концентрацию вводимой в объем примеси более тяжелого газа. Характерный для чистых инертных газов, известный непрерывный ВУФ-спектр, излучаемый гомоядерными молекулами, резко уменьшается в интенсивности. Одновременно вблизи с резонансной линией атома возникает интенсивное узкополосное излучение, долгое время принимавшееся за излучение крыльев резонансной линии. Первоначально предполагалось, что интенсивное ВУФ-излучение, локализованное вблизи резонансных линий атомов примеси, принадлежит этим атомам и является обычным резонансным атомным излучением. Однако наблюдаемое интенсивное узкополосное ВУФ-излучение обусловлено не атомными переходами, а спектроскопическими переходами гетероядерной молекулы. Детальные исследования ВУФ-спектров излучения других смесей инертных газов подтвердили обнаруженную закономерность [5 и приведенные там ссылки].

При интерпретации атомных спектров, помимо кластерообразования и фрагментации, необходимо учитывать макропроцессы, происходящие в излучающих системах. Расщепление спектральных линий в магнитном поле приписывают в первую очередь изменению состояний электронов в атомах, в то время как в условиях проявления эффекта Зеемана происходят процессы, изменяющие условия возбуждения спектра: вращение плазмы, изменение температуры, формы излучателя, состава и концентрации излучающих частиц [6].

Знание состава плазмы и процессов, происходящих в источниках возбуждения спектра (ИВС), необходимо для оптимизации работы действующих ИВС, создания новых эффективных систем излучения, а также для развития фундаментальных физических теорий и моделей, таких как теория атомных спектров и модель строения атома.

Задача настоящей статьи: на основании анализа и сопоставления способов генерации кластеров с условиями генерации плазмы в излучающих (поглощающих) системах, доказать возможность присутствия кластеров во всех традиционных ИВС, используемых в атомной оптической спектроскопии и в газовых лазерах.

Не касаясь здесь подробных характеристик ИВС, описанных в специальной литературе [7 – 13], кратко рассмотрим традиционные источники света и остановимся на связи условий возбуждения спектра с возможностью образования кластеров в плазме ИВС.

2. Источники атомизации и возбуждения спектра

В качестве ИВС в атомной оптической спектроскопии обычно используют пламена, печи, электрические разряды, лазеры и плазму.

2.1.1 Пламя

Пламя – это низкотемпературная плазма, являющаяся старейшим ИВС для щелочных металлов [8, 11, 12]. Более широко пламена применяют в атомно-абсорбционной спектроскопии [8]. Обычно пламена получают сжиганием смесей газов: воздух – ацетилен (Т ~ 2500 К); оксид азота (I) – ацетилен (Т ~ 3300 К); реже, воздух – пропан (Т ~ 2200 К). Исследуемое вещество вводится в пламя в виде аэрозоля. Для расширения возможностей пламён и улучшения характеристик излучения можно использовать совместно пламя с дугой постоянного тока.

2.2 Дуга

Длительное время базовыми ИВС для оптической эмиссионной спектроскопии были электрическая дуга и искровой промежуток. Эти разряды создаются приложением потенциалов к электродам в атмосфере инертных газов (или воздуха) и дают более высокие температуры, чем обычные пламеные системы. Применяют дугу как переменного, так и постоянного тока. Дуга постоянного тока горит без пауз и испарение вещества электродов в дуге происходит непрерывно. Одной из причин нестабильности дуги является перемещение по поверхности катода яркого "катодного пятна", которое обеспечивает термоэлектронную эмиссию, необходимую для поддержания электрического разряда между электродами. Температура плазмы дуги между электродами зависит от материала электродов и определяется ионизационным потенциалом газа в дуговом промежутке. Между угольными электродами температура плазмы дуги ~ 7000 К, между медными ~ 5000 К. Соли щелочных и щелочноземельных металлов снижают температуру дуги: например, в присутствии солей калия температура дуги понижается до ~ 4000 К [7].

В дуговом источнике излучения концентрация атомов и ионов изменяется вдоль радиуса оси дуги в соответствии с изменением температуры и электронной концентрации. Линии ионов и атомов трудновозбудимых элементов наиболее интенсивны в горячих приосевых радиальных зонах, а легковозбудимые линии атомов, а также ионов легкоионизуемых элементов, обычно более интенсивны в холодных, периферийных радиальных зонах столба дуги. Пары анализируемого вещества выходят из электрода в виде тонких струй со скоростью нескольких метров в секунду. Среднее время пребывания t частиц в плазме разряда составляют для разных элементов в угольной дуге $10^{-3} - 10^{-2}$ с и зависят от атомной массы элемента.

Дуга переменного тока относится к более стабильным ИВС и по характеру испарения вещества электродов занимает промежуточное положение между дугой постоянного тока и искрой. Благодаря прерывистому горению дуги переменного тока температура электродов ниже, чем в дуге постоянного тока, и вещество поступает в зону разряда менее интенсивно.

В дуговом плазмотроне разряд дуги постоянного тока обдувается аксиальным (или тангенциальным) потоком инертного газа. Возбуждение спектра атомов и ионов осуществляется в плазменной струе, являющейся вытяжкой электрической дуги постоянного тока [8]. Вследствие охлаждения, повышения давления, термического и электромагнитного сжатия части плазмы, проходящей через сопло, происходит непрерывное истечение плазменной струи с большой скоростью за пределы межэлектродного промежутка, причем большая часть плазменной струи, удаленная от сопла, является электрически бестоковой. Вещество вводится потоком аргона в плазменную струю снаружи или через осевое отверстие в одном из электродов в виде распыленных аэрозолей, мелкодисперсных порошков или их суспензий.

Дуговой разряд в лампах высокого давления. Свечение, присутствующей в лампе ртути, получается в инертном газе под давлением (как правило, это аргон) за счет дугового разряда между двумя электродами, расположенными на оси излучателя. После пробоя в лампе возникает дуговой разряд, и температура внутри лампы повышается, что приводит к испарению ртути. При горении дугового разряда температура внутри колбы поднимается ещё выше, и находящиеся в ней дополнительные присадки металлов переходят в газообразную форму. Спектр излучения занимает область от 100 нм до 380 нм. Для получения нужной спектральной плотности излучения, в состав газа наполняющего лампу вводятся специальные добавки (например: железо, галлий, йодиды редкоземельных металлов и т.д.). Подбором состава металлов можно менять спектральный состав излучения. В натриевых лампах горение дугового разряда происходит в парах натрия. Лампа излучает характерный желтый свет.

2.3 Искра

Высоковольтная конденсированная искра – один из наиболее распространенных источников света при количественном спектральном анализе металлов и сплавов [7, 8]. Для возникновения пробоя между электродами искрового ИВС напряжение подается на конденсатор, который заряжается до критической величины пробоя. После искрового разряда сопротивление промежутка падает. Благодаря наличию в разрядной цепи катушки самоиндукции разряд носит колебательный характер, и поступление вещества электродов в зону разряда происходит скачкообразно, в виде отдельных выбросов, светящихся факелов. Искровой разряд характеризуется высокой температурой, которая в канале искры достигает 30000 – 40000 К, и канал разряда возбуждает свечение факела. Давление в канале искры в очень короткий промежуток времени возрастает до очень высоких значений [7]. По мере удаления от электродов температура факела снижается до ~ 10000 К, что и принимается за температуру искрового разряда. Подача пробы возможна вдуванием раствора в искровой промежуток.

Вакуумная искра – ИВС низкократных ионов – имеет ряд недостатков. Наиболее горячая, пинчевая и микропинчевая зона разряда окружена облаком относительно холодной плазмы и существует сравнительно короткое время, что ограничивает в интегральном спектре наблюдение излучения ионов. Интерес к изучению оптических явлений в вакуумном искровом разряде значительно вырос после открытия (60-ые годы прошлого века) "плазменных (или горячих) точек" – образование в плазме разряда области несколько микрометров, интенсивно излучающей в ВУФ и рентгеновской области спектра. Образование "плазменных точек" – явление общее для ряда электроразрядных установок с аксиальной симметрией, таких как плазменный фокус, Z-пинч с быстрым напуском газа, взрывающиеся проволочки.

ИВС, получивший название "малоиндуктивная вакуумная искра", – это небольшое, простое в работе устройство, с невысоким энергозапасом (в несколько килоджоулей) и сравнительно низким разрядным током (100-200 кА), позволяет получать плазму с высокой электронной температурой (1 – 2 кэВ) и степенью ионизации атомов в плазме [14].

2.4 Плазменные разряды

2.4.1 Индуктивно связанная плазма

Современным достижением среди плазменных источников в аналитической оптической эмиссионной спектрометрии является аргоновая индуктивно связанная плазма (ИСП) [8 – 11, 15]. Образец в ИСП вводится в виде аэрозоля и переносится в центр плазмы распыляющим потоком аргона, где происходит десольватация аэрозоля с получением микро/нано частиц соли и их разложение на молекулы, атомы, ионы. Хотя точный механизм возбуждения и ионизации в ИСП пока еще не полностью понятен, полагают, что процессы в высокочастотной (ВЧ) плазме идут в результате столкновений атомов и ионов с электронами высоких энергий. Оптимальными являются частоты 27 и 41 МГц. Для плазменного факела ИСП, имеющего тороидальную форму, характерна более низкая температура в осевом канале (4350 – 5350 К), чем в окружающем его тороиде (5500 – 10000 К). Структура плазменного факела, его температурные характеристики обусловливают аксиальное и радиальное распределение излучения атомов и ионов различных элементов анализируемого вещества, положение их максимумов.

2.4.2 Микроволновые плазменные разряды

Сверхвысокочастотные (СВЧ) (микроволновые) плазменные разряды с частотой несколько ГГц и выше осуществляются в полых коаксиальных или прямоугольных неэлектропроводных резонансных ячейках малого объема, являющихся частью коаксиальных волноводов, в потоке аргона (иногда гелия или азота) [8 – 11]. В месте максимальной напряженности СВЧ-поля возникает устойчивая газовая плазма сравнительно небольшого объема (1 – 5 см^3). Часто в качестве резонаторов используются кварцевые трубки малого внутреннего диаметра – капилляры. Для аналитических целей используются два вида микроволновой плазмы: плазма с емкостной связью ("емкостная микроволновая плазма", сокращенно ЕМП) и плазма с индукционной связью ("микроволновая инукционная плазма", сокращенно МИП). ЕМП иногда называют одноэлектродной плазмой, т.к. плазменный факел выдувается из торцевого отверстия или диафрагмы вертикальной коаксиальной трубки ("электрода") наружу. МИП может реализоваться как при атмосферном, так и при пониженном давлении. В качестве генераторов обычно используют магнетроны или сурфатроны. Последние генерируют в капиллярной трубке приповерхностную плазму и применяются в установках МИП. В атмосфере аргона температура возбуждения составляет 4000 – 8000 К, что позволяет эффективно возбуждать многие аналитические линии элементов.

2.4.3 Безэлектродная лампа высокочастотного разряда

При изучении атомной эмиссии газов основными ИВС являются емкостные "безэлектродные" разряды (ВЧ-разряд: 10^6 – 10^8 Гц, или СВЧ-разряд: 10^9 – 10^{11} Гц), протекающие через тонкую кварцевую разрядную трубку, заполненную анализируемым газом [8].

2.4.4 Шариковая лампа

Лампа представляет собой небольшой сферический баллон, изготовленный из кварца или специального стекла и заполненный инертным газом [11, 12]. В лампу помещают несколько грамм легколетучего или легкоплавкого элемента, или его соли. Для питания ламп применяют генераторы ВЧ электромагнитного поля, работающие на частоте порядка 200 МГц. При включении поля в лампе в инертном газе возникает разряд и под действием выделяющегося тепла металл испаряется, его атомы возбуждаются, и возникает излучение, в спектре которого присутствуют преимущественно атомные линии.

2.5 Тлеющий разряд

Тлеющий разряд – это электрический разряд, при котором электрическое поле в разрядном промежутке определяется в основном величиной и расположением объемных разрядов, и характеризуемый наличием катодного падения потенциала значительно большего, чем ионизационный потенциал газа, а также испусканием электронов катодам под действием ударов о него тяжелых частиц [7, 15, 16]. Внешними признаками тлеющего разряда служит относительно малая плотность тока разряда (10^{-2} – 10^{-4} А/см^2) и соответственно этому малый ток (1 – 10 мА), достаточно большое напряжение, зависящее от рода газа, материала электродов и длины разрядного промежутка, а также наличие световых явлений в различных частях разряда. Тлеющий разряд наблюдается обычно при давлениях ниже 1.3 ·10^4 Па. Однако при определенных условиях во внешней цепи и при непрерывном охлаждении катода, можно получать тлеющий разряд в воздухе при атмосферном давлении [7].

В разряде Грима, новом типе аномального тлеющего разряда, как и в разряде с полым катодом, для возбуждения спектра используется плазма отрицательного тлеющего свечения [15]. Однако сам катод плоский. Обязательным условием возникновения такого разряда у плоской поверхности является близость электродов. Атомизация пробы в разряде Гимма происходит в результате катодного распыления образца ионами рабочего газа, в качестве которого обычно используется аргон под давлением порядка 100 Па. Для исключения возможности разогрева и испарения, особенно в случае анализа легкоплавких материалов, к образцу снизу прижимается радиатор или охлаждаемый проточной водой дополнительный диск. Таким образом, процесс атомизации в разряде Гримма такой же, как и в источнике света с охлаждаемым полым катодом. Поэтому многие аналитические свойства и особенности этого источника в определенной степени подобны таковым в охлаждаемом полом катоде.

2.5.1 Лампа с полым катодом (ЛПК)

Внутри стеклянного цилиндрического баллона, заполненного неоном (или аргоном) при давлении около 1000 Па, располагается полый катод цилиндрической формы, изготовленный из материала определяемого элемента или его сплава, и анод – в виде проволоки или штыря из вольфрама или циркония. Когда между анодом и катодом проходит постоянный ток при напряжении 400—600 В, газ, заполняющий лампу, ионизируется. Положительно заряженные ионы газа с большой скоростью ударяют в катод, выбивают из него атомы определяемого элемента и возбуждают их. Плазма тлеющего разряда внутри катода имеет температуру порядка 800 К; очевидно, что при столь низкой температуре свечения наблюдаться не может. Свечение происходит в основном за счет столкновения с электронами. Т.к. падение напряжения в прикатодной области достигает не менее 200 В, и электроны разгоняются до довольно больших скоростей, в спектре ЛПК возбуждаются почти все линии атомов и ионов элементов, образующих плазму, т.е. газа наполнителя и металлов, из которых изготовлен катод. Для легкоплавких и легколетучих элементов катод лампы изготавливают из графита или металла с высокой температурой плавления, большим коэффициентом катодного распыления и малолинейчатым спектром излучения (обычно это медь или серебро). Легкоплавкий или легколетучий элемент вводится как примесь в виде микровключений в основной металл, что дает возможность поверхности катода длительное время сохранять постоянный элементный состав.

2.5.2 Лампа низкого давления

Спектр излучения ламп низкого давления, ламп тлеющего разряда, находится в области от 280 – 400 нм. Свечение получается за счет тлеющего разряда между двумя электродами лампы, расположенными в оси излучений. Лампы заполняются инертным газом под небольшим избыточным давлением и малым количеством ртути. После возникновения тлеющего разряда температура внутри лампы несколько повышается, что приводит к испарению ртути. Пары ртути в электрическом разряде излучают свет главным образом в ультрафиолетовом диапазоне. Излучение разряда поглощается люминофором и переизлучается в видимую область спектра.

2.6 Лазерные ИВС

В лазерных ИВС большая плотность мощности лазерного излучения используется для испарения, атомизации с последующим вводом в плазму и, реже, для возбуждения атомных спектров вещества. В лазерной плазме изучают спектры многозарядных ионов (МЗИ) (см., например, спектры никелеподобных МЗИ в [14]). Основной недостаток лазерных ИВС – сильное влияние эффекта

Доплера, уширяющего, а иногда и смещающего линии ионов. Лазерная плазма – это источник одно- и многократно ионизированных атомов, отрицательно заряженных ионов, нейтральных атомов (с малой и большой энергией) и кластеров [17]. Выход атомов, ионов и полиатомных образований из исследуемого вещества зависит от мощности подводимого лазерного излучения. При воздействии гигантских импульсов лазерного излучения (порядка 10^{10} Вт/см^2) вещество начинает расширяться в полностью атомизированом и ионизированном виде, доля полиатомных ионов очень мала и их выход резко снижается с ростом числа атомов в образовании. При воздействии миллисекундных импульсов лазерного излучения материал выбрасывается в основном в виде многоатомных образований. Количество многоатомных образований, испаряемых с поверхности облучаемого твердого тела, в этом случае коррелирует с энергией связи полиатомных молекул.

Лазеры – это источники когерентного излучения. Процессы, протекающие во многих их них, аналогичны процессам в традиционных ИВС.

2.7 Газовые лазеры

К газовым относят лазеры с активной средой в виде газов, паров или их смесей. Плотность активной среды меняется в значительных пределах, давление от 10 до 10^6 Па. По характеру возбуждения активной газовой среды лазеры подразделяются на классы: газоразрядные, газодинамические, химические и газовые лазеры с оптической накачкой. По типу переходов, на которых возбуждается генерация газовых лазеров, различают лазеры на атомных переходах; ионные лазеры; молекулярные лазеры на электронных, колебательных и вращательных переходах; эксимерные лазеры. Не останавливаясь на характеристиках лазеров, которые описаны в специальной литературе [18 – 21], кратко рассмотрим условия возбуждения излучений в данных устройствах.

<u>Газоразрядные лазеры</u> – это наиболее распространенный класс газовых лазеров, в которых для формирования активной среды используются электрические разряды: тлеющий, высокочастотный и дуговой разряды [18, 19, 21]. Аргоновый лазер возбуждается электрической дугой, подобно другим газам, а гелий-неоновый лазер – это первый лазер, возбуждающийся тлеющим разрядом [18]. В газовых лазерах высокого давления обычно используют поперечный разряд часто с предионизацией: ТЕА-лазеры (Transversely Excited Atmospheric). Предионизацию разрядного объема производят пучком заряженных частиц, вспомогательным

разрядом, коротковолновым (оптическим или рентгеновским) излучением и применяют для повышения устойчивости разряда при давлениях близких к атмосферному и выше.

Газодинамические лазеры – это газовые лазеры, в которых инверсия населенностей создается в системе колебательных уровней энергии молекул газа путем адиабатического охлаждения нагретых газовых масс, движущихся со сверхзвуковой скоростью [20]. Газодинамический лазер состоит из нагревателя, сверхзвукового сопла, оптического резонатора и диффузора. В нагревателе происходит тепловое возбуждение специально подобранной газовой смеси (в результате сгорания топлива или подогрева с помощью электрических разрядов и ударных волн).

В проточных газовых лазерах один из компонентов газовой смеси играет роль промежуточного энергетического резервуара, который отбирает энергию источника накачки и передает ее на верхний уровень лазерного перехода. Смешение и расширение газов приводит к резкому понижению температуры. Нагрев азота может осуществляться в плазматроне постоянного тока. Охлаждение происходит при расширении в процессе ускорения газа до чисел Маха: 5 – 6. Отмечается [20], что в этих условиях температура азота снижалась на порядок: от ~ 4000 К, до ~ 400 К.

В ионных газовых лазерах возбуждением ионов различной кратности электронами может быть получена непрерывная или импульсная генерация на большом числе переходов в видимой и УФ-областях спектра [21]. В разрядах со сравнительно невысокой плотностью тока (≤ 5 А/см^2) инертный газ должен иметь высокий потенциал ионизации и давление $p = 100 - 700$ Па. Давление пара, на ионах которого происходит генерация, значительно ниже и составляет $0.1 - 1$ Па.

Непрерывная генерация на ионных переходах многих элементов была реализована в гелии для: Cd, Zn, Se, Hg, Mg, I, P, Te, Sn, Sb, Bi, Pb, Ga, Ni, Cr, Au, Ag; в неоне – для: Tl, As, Cu, Ni, Al, Ag. Необходимое давление паров генерирующего элемента обычно обеспечивается катодным распылением, накачка осуществляется разрядом постоянного тока в капилляре. Применяется также разряд с полым катодом, ВЧ-разряд и разряд с электронным пучком. Непрерывная генерация при разряде в однокомпонентном газе реализована на переходах ArII, KrII, NeII, XeII, CIII, BrII, SII, PII, ArIII, KrIII, XeII, CIII, HgII, ArIV, XeIV, перекрывающих диапазон длин волн от УФ до ближней ИК-области спектра [21]. (Токи $I \leq 15$ А, при давлении наполнения аргона порядка 50 Па).

В рекомбинационных лазерах излучение возникает в результате рекомбинации электронов и ионов [21]. Активной средой является объемно-рекомбинационная плазма. Примером механизма возбуждения атомных уровней в такой плазме может служить типичное послесвечение спектральных линий, наблюдаемое в плазме после резкого выключения возбуждающего тока. Используются импульсы тока до сотен ампер и длительностью порядка 10^{-6} с в метровых разрядных трубках диаметром 5 – 10 мм, заполненных смесью инертного газа ($p \approx 670$ Па) с парами металла ($p \approx 1$ Па); частота следования импульсов – до десятков кГц. Механизм работы лазера известен только в общих чертах.

Эксимерные лазеры – это импульсные газовые лазеры на связанно-свободных переходах эксимерных молекул, т.е. молекул, прочных в возбужденных состояниях и распадающихся в основном состоянии [18]. Первый эксимерный лазер был запущен в 1970 г на жидком ксеноне. Наиболее благоприятные условия для образования возбужденных димеров инертных газов соответствуют диапазону давлений 1 – 3 МПа. Кинетика лазеров на галогенидах инертных газов – эксиплексных лазеров, как и в целом эксимерных лазеров, довольно сложна и в настоящее время недостаточно изучена. Накачка эксимерных лазеров проводится в подавляющем числе случаев с помощью релятивистских пучков электронов либо поперечного разряда и его разновидностей.

Для того чтобы определиться со сложностью состава излучающей плазмы кратко рассмотрим основные способы получения кластеров. С производством и свойствами кластеров подробно можно ознакомится, например, в [2, 3, 22] и приведенных там ссылках.

3. Способы получения кластеров

Кластер – это система связанных атомов или молекул, и, как физический объект, занимает промежуточное положение между молекулами – с одной стороны, и конденсированными системами – с другой. В данной работе к кластерам отнесены все частицы, содержащие более одного атома.

Кластеры металлов, углерода и других тугоплавких элементов отличаются сильной связью (1 – 10 эВ) от слабосвязанных ван-дер-ваальсовых кластеров ($\sim$ 0.05 – 0.5 эВ) и не разрушаются при сильном возбуждении, когда энергия, приходящаяся на один атом кластера, составляет ≥ 1 эВ (см., например, [23] и приведенные там ссылки). В большинстве методов получения сильносвязанных кластеров (лазерный метод, метод распыления, импульсные разряды) формирующиеся кластеры, если они не охлаждены столкновениями с буферным газом, являются горячими. При дополнительном возбуждении кластеров интенсивным лазерным излучением, электронным ударом, энергичными ионами, столкновением с твердой мишенью, они переходят в высоковозбужденное состояние [24].

3.1 Ионное распыление твердых тел

Один из первых методов получения кластеров связан с бомбардировкой мишени ионами килоэлектронвольтных энергий (при этом получаются пучки небольших кластеров ограниченной интенсивности) [2]. Эмиссия кластеров при взаимодействии высокоэнергетических частиц с твердым телом является одним из наименее понятных разделов физики [25 – 29]. Как отмечается в [25], число атомов, связанных в заряженные кластеры, может составлять порядка 50% интенсивности эмиссии атомарных ионов, в то время как нейтральные частицы (а их подавляющее большинство в распыленном потоке) образуют незначительное число кластеров и, таким образом, определяют меньшую фракцию связанных атомов. Надежной информации об истинном распределении распыленных частиц по размерам нет ни для заряженных, ни для нейтральных кластеров. Возможно, это связано с приборными эффектами: сильной дискриминацией тяжелых частиц в масс-спектрометрах или вследствие распада менее стабильных кластеров при их прохождении через анализатор прибора (примерно за 10^{-4} с). Массовые распределения могут отражать распределения стабильности кластеров в большей мере, чем истинные составы распыленных частиц.

3.2 Лазерная генерация кластеров

Для испарения и образования свободных атомов жаропрочных материалов используется лазерный луч [30, 31]. Далее пар вместе с буферным газом расширяется в вакуум, проходит через сопло и дает кластеры. Именно так, при лазерном испарении углерода в камере, заполненной инертным газом, впервые наблюдалось образование фуллеренов. Однако присутствие буферного газа не обязательно, конденсация идет и в вакуумных условиях. Охлаждение происходит за счет изоэнтропийного расширения облака испаренного вещества, также для конденсации в вакууме нужна достаточная эффективность межмолекулярных столкновений. Процессы, в результате которых в газовой фазе при лазерном распылении появляются большие кластеры и макромолекулы, до конца не понятны [31].

Лазерная плазма является импульсным эмиттером одно- и многократно ионизованных атомов, полиатомных и отрицательно заряженных ионов, нейтральных атомов с малой и большой энергией [17]. Например, лазерное распыление углерода, кремния, германия в атмосфере инертных газов (Ar, Kr, Xe) приводит к образованию смешанных кластеров [32]. Лазерным испарением в [33] получены метастабильные двухзарядные ионные комплексы металлов состава: $M^{2+}L_N$, (где M: Mg, Co, Si, Ti; L: Ar, CO_2, H_2O).

3.3 Метод генерации кластерных пучков из газа или пара

Проходя через сопло, газ или пар расширяется, в результате чего его температура и плотность после сопла сильно уменьшаются. Если давление газа превысит давление насыщенного пара при данной температуре, то избыток газа может перейти в кластеры. Хотя метод генерации кластеров, основанный на свободном расширении газа, является довольно-таки простым, он реализуется в определенной области давлений газа и параметров его расширения. Возможность образования кластеров из атомов можно оценить из значения эмпирического безразмерного параметра Хагена [3].

Для получения паров легко испаряемых материалов используют печи. Образующийся в них атомный пар далее расширяется вместе с буферным газом через сопло в вакуум. Охлаждение смеси (роль буферного газа в этом) в процессе расширения вызывает конденсацию пара с образованием кластеров.

3.4 Агрегатный генератор кластеров

Последовательность получения кластеров в данном устройстве можно представить как образование первичных кластеров буферного газа (например, аргона) в результате расширения через малое отверстие; затем первичные кластеры, проходя через камеру, где испаряется материал будущих (вторичных) кластеров, захватывают испаряющиеся атомы, молекулы и образуют сложные кластеры; далее – распад составного кластера [3].

3.5 Плазменные способы получения кластеров

В работе [34] отмечается, что слабоионизированная плазма содержит кластерные ионы в заметных количествах. Плазменный метод генерации больше подходит для кластеров с высокой энергией связи атомов, т.к. высокая температура плазмы и присутствие в ней энергичных атомных частиц ведет к разрушению непрочных образований.

3.5.1 Метод генерации кластеров на основе плазмы послесвечения высокого давления

Кластеры не образуются в самой плазме из-за столкновений с электронами и ионами, а в плазме послесвечения и за пределами разрядного шнура. В [3] отмечается, что, когда плазма послесвечения (с малой добавкой металла к буферному газу) движется после сопла, атомные частицы рассеиваются и откачиваются из плазмы, тогда как столкновение кластера с атомами не ведет к заметному рассеянию из-за его большой массы, и через некоторое время поток плазмы с кластерами превращается в поток кластеров.

3.5.2 Криогенная плазма

Наряду с молекулярными ионами для криогенной плазмы характерно образование кластерных ионов. В работе [34] показано, что при комнатной температуре в азоте преобладающими положительными ионами являются N^+, N_2^+, N_3^+, N_4^+ и N_5^+. При понижении температуры появляются кластерные ионы до N_9^+ [35].

Значительная часть информации о свойствах криогенной плазмы получена из исследования послесвечения (распада) плазмы, созданной импульсным электрическим разрядом в газе, охлаждаемом до криогенных температур. Из масс-спектрометрических исследований криогенной гелиевой плазмы [36] установлено, что уже при $T = 300$ К и давлении 1 кПа в ней присутствуют ионы He_2^+. Понижение температуры приводит к увеличению содержания He_2^+ и к образованию He_3^+ и He_4^+. Их присутствие в небольших количествах обнаруживается уже при комнатной температуре, а при температуре жидкого азота He_3^+ является основным ионом [37]. При температуре жидкого азота существуют ионы H_2^+, H_3^+, H_5^+, а кластеры $(H_2)_N$ образуются при температуре $20 - 30$ К [38].

3.5.3 Распыление аэрозолей в плазму.

Введение в плазму молекул, содержащих металлические атомы, является методом генерации интенсивных атомных пучков для кластерных источников света. Так, методом химической регенерации получены кластеры жаропрочных металлов для кластерных ламп на основе молекул: Re_2O_7, OsO_4, MoO_2X_2, WO_2X_2, TaX_5, NbX_5 (X – атом галогена) [2].

При производстве кластеров аэрозольным методом, капли, состоящие из металлсодержащих молекул, вводятся в плотный буферный газ и быстро нагреваются, что ведет к их превращению в пар, разложению молекул с образованием металлических атомов и объединению металлических атомов в кластеры [3]. Для разрушения введенных в плазму металлсодержащих молекул газу необходимо сообщить заметную удельную энергию, и этот процесс сопровождается охлаждением буферного газа. Для существования металлических кластеров в газоразрядной плазме требуется плотный буферный газ, отводящий лишнее тепло и способствующий росту кластеров [3].

3.5.4 Дуговой разряд

Для получения кластеров в качестве плазменной среды удобно использовать положительный столб дугового разряда высокого давления [39]. Металл в виде металлосодержащих молекул, например, галогенидов жаропрочных металлов: TiF_4, $TiCl_4$, $TiBr_4$, ZrF_4, $ZrCl_4$, $ZrBr_4$, MoF_6, WCl_6, WBr_6, IrF_6, UF_6, может быть введен в дуговую плазму. Соединения металла и его пар разделяются по сечению разряда (в силу высоких градиентов температуры), а, благодаря высокой плотности буферного газа, процессы переноса оказываются слабыми, что предотвращает перемешивание разных компонент металла. Процесс регенерации идет в более холодной области, у стенок.

В случае получения кластеров непосредственно из жаропрочного металла можно применить другую схему [40]. В разрядной трубке в свободном пространстве за анодом, куда заряженные частицы не проникают, содержится нейтральный аргон при том же давлении и температуре, что и в остальной части трубки. В заанодной области металлический вольфрам нагревается до температуры 4500 К и создается поток испаренных атомов вольфрама, которые остывают при столкновениях с атомами аргона и объединяются в кластеры.

3.5.5 Искровой разряд.

Было установлено [41], что в вакуумном искровом разряде помимо ионного потока часть металла уходит с катода в виде микрочастиц, и параметры капельной фракции сравнимы с таковыми для вакуумной дуги. Из искровой масс-спектрометрии [42] известно об образовании в высокочастотной искре многочисленных молекулярных анионов. Например, при использовании графитовых электродов обнаружены отрицательные кластеры углерода вплоть до C_{33}^-, также были обнаружены кластерные катионы углерода вплоть до C_{34}^+ и кластерные ионы металлов: Be_{25}^+, Al_9^+, Fe_6^+ и др. В работе [17] отмечается, что в искровом разряде наибольшей способностью к образованию полиатомных ионов обладают элементы IV группы периодической системы. Эффективным способом образования кластеров в вакууме может быть взрывная эмиссия, которая имеет место в вакуумном разряде [41].

3.6 Магнетронный и тлеющий разряды.

При получении кластеров распыление жаропрочных металлов может осуществляться с помощью газового разряда, если он обеспечивает высокую эрозию материалов [3].

Магнетронный разряд, обладая высокой эффективностью распыления катода, является хорошим методом генерации атомов в буферном газе. Метод был использован для получения кластерных пучков Ag, Al, Co, Cu, Mg, Mo, Si, Ti, со средним числом атомов N в кластере в интервале $N = 500 - 10000$ [3].

Разряд с полым катодом (РПК) – тлеющий разряд – характеризуется еще более высокой эффективностью распыления катода под действием ионного тока и также подходит для образования атомного пара, преобразующегося далее в кластеры [3].

3.7 Микроволновой разряд

МИП поддерживает температуру $4000 - 5000$ К в центре сосуда, что является оптимальным для кластерной плазмы и использующего его источника света. Из эксперимента, описанного в [2], следует, что микроволновой разряд с частотой $2.3 - 2.5$ ГГц и мощностью ~ 100 Вт обеспечивает температуру $4000 - 5000$ К в центре. Вводимые в разряд молекулы WO_2Br_2 полностью испаряются со стенок, температура которых ~ 1000 К, попадают в разряд и разрушаются, в результате чего образуются кластеры вольфрама. Около стенок кластеры вновь превращаются в соединения вольфрама. Кластеры вольфрама являются эффективным излучателем в этих условиях (~ 2500 К).

4. Заключение

4.1 Плазма источников излучения – кластерная плазма.

Кластерная плазма представляет собой слабоионизированный газ, содержащий кластеры. Для обоснования тезиса, что плазма традиционных источников возбуждения спектра – это кластерная плазма, сопоставим условия, при которых кластеры образуются и существуют (раздел 3), с процессами, происходящими в источниках света (раздел 2). При этом будем учитывать, что методы производства кластеров относятся к пучкам больших ($N \sim 1000 - 100000$), стабильных частиц N, получаемых в больших количествах, тогда как для спектроскопии может оказаться достаточным или более существенным присутствие в ИВС малых метастабильных кластеров ($N \sim 2 - 1000$).

В ИВС типа искра, дуга, лазер, тлеющий разряд и в источниках света таких, как: ЛПК, шариковых лампах, лампах высокого и низкого давления, а также в газовых лазерах, происходит испарение, распыление, охлаждение исследуемого материала в буферном газе и/или плазме (раздел 2). Данные процессы сопровождаются образованием многоатомных частиц разных размеров (раздел 3). Это подтверждается фактом, что образование кластеров из испаренного пара происходит в любой газовой системе с переменной температурой [43]. В излучающих средах – в факеле ИСП, в дуге, в тонких и длинных капиллярах газовых лазеров – концентрация атомов, ионов, электронов, также как и температура, различна в разных частях плазмы.

В тех ИВС, куда исследуемое вещество вводится в виде аэрозолей: пламена, ИСП, МИП, дуговые плазматроны, дуговой разряд – кластеры будут образовываться, аналогично методу их получения вводом аэрозолей в плазму (п.п.3.5.3 и 3.5.4). После десольватации аэрозоля получаются микро/нано частицы (кристаллики оксидов, хлоридов, фторидов и т.п.), которые далее испаряются и/или распыляются ионами и электронами плазмы. При этом малые кластеры могут образовываться и расти в областях с более низкой температурой. Металлсодержащие частицы могут прямо вводиться в плазму ИВС в виде суспензий и мелкодисперсных порошков, что практикуется в аналитической атомной спектроскопии. Кластеры при этом образуются в результате распыления материала ионами плазмы (п.3.1).

Уже отмечалось, что введение в плазму молекул, содержащих металлические атомы, является методом генерации интенсивных атомных пучков для кластерных источников света. Давление паров летучих соединений при невысокой температуре позволяет обращаться с ними, как с газами. Это подобно подбору условий в эмиссионном спектральном анализе, когда для повышения летучести определяемых элементов в образец вводят добавки, например, галогениды. Условия возбуждения спектра при вводе гидридов элементов в плазму также подобны условиям образования кластеров из летучих соединений (п.3.5.3).

При термической атомизации и возбуждении спектра материал испаряется в среде инертного газа (например, в атомно-абсорбционном анализе, испарение образца из печи происходит в токе аргона). Аналогично этому, при получении кластеров, атомный пар, образующийся в печи, далее расширяется вместе с буферным газом через сопло в вакуум. Например [44], поток испаренных атомов вольфрама, полученный из металлического вольфрама при температуре около 4500 К, остывает при столкновениях с атомами аргона и в конечном итоге объединяется в кластеры. Роль буферного газа сводится к уносу лишнего тепла, что способствует росту кластеров [3].

В ионных газовых лазерах ионы различной кратности возбуждаются электронами, необходимое давление паров (0.1 – 1 Па) генерирующего элемента обычно обеспечивается катодным распылением, накачка осуществляется разрядом постоянного тока в капилляре. Применяется также разряд с полым катодом, ВЧ-разряд и разряд с электронным пучком. Как было показано в разделе 3, во всех случаях распыления металла в буферный газ происходит образование кластеров.

Очевидная аналогия с условиями возбуждения излучения рекомбинационных лазеров [21] (и для большинства других разрядов) прослеживается в методе генерации кластеров на основе плазмы послесвечения, т.к. в разряде высокого давления, с малой добавкой металла к буферному газу, кластеры образуются за пределами разрядного шнура, в плазме послесвечения.

Лазерная плазма – это источник одно- и многократно ионизированных атомов (п.2.5.), отрицательно заряженных ионов, нейтральных атомов (с малой и большой энергией) и кластеров [17].

4.2 О возможности образования газовых кластеров в ИВС

Газоразрядная плазма кажется менее всего отягощенной присутствием кластеров, поэтому необходимо остановиться подробнее на анализе условий возбуждения излучения газов.

Некоторые свойства газов описываются, в предположении изначального присутствия в них газовых кластеров [45, 46]. Однако считается, что для получения газовых кластеров, как правило, требуются: низкая температура, высокое давление, буферный газ, присутствие ионов и большое число столкновений. Имеют ли место перечисленные условия при возбуждении оптических атомных спектров в газах?

Характеристики плазмы (температура, давление, плотность и состав) различаются в зависимости от участка источника света. Образование же кластеров из пара происходит в любой газовой системе с переменной температурой, но они появляются не в горячей плазме, а в плазме послесвечения [43].

Излучаемый объем газовых ИВС заполнен слабоионизированным газом – средой для ион-молекулярных реакций и охлаждения. Для эффективного образования кластеров присутствие буферного газа также необходимо.

Стабильность кластерных ионов выше, чем нейтральных кластеров аналогичного состава. Например, ион He^+_2 прочнее, чем частица He_2 [36]. В слабоионизированной, в частности в газоразрядной плазме, при нормальной температуре и средних давлениях, в заметном количестве присутствуют кластерные ионы [34]. При пониженных температурах или при высоких давлениях кластерные ионы составляют основную часть ионов в слабоионизированном газе. Например [34], при комнатной температуре в азоте основными положительными ионами являются: N^+, N_2^+, … N_5^+, при понижении температуры появляются частицы до N_9^+. ИВС – это, как правило, источники слабоионизированной, низкотемпературной плазмы, поэтому кластерные ионы присутствуют в газоразрядной плазме ИВС разных типов.

Кластеры детектируются в основном методами масс-спектрометрии, что показательно с точки зрения возможности образования стабильных газовых кластеров. Ионизация газовых кластеров нередко осуществляется при довольно высоких энергиях электронов, порядка 100 эВ и выше. О прочности кластеров инертных газов (Ar, Kr, Xe) говорит энергия электронов ($\le 1,5$ кэВ), которая применялась при изучении их фрагментации [48]. Похожие условия исследования стабильности кластеров применялись в работе [49] при электронной бомбардировке кластеров воды, $(H_2O)_N$, и аммиака, $(NH_3)_N$.

Для уменьшения ширины атомных спектральных линий стремятся снизить температуру излучающей системы. В тоже время достижение низких температур является важным условием образования газовых кластеров (п.3.5.2). В уже упоминавшейся работе Г.Н. Герасимова [5] потенциалы возбуждения гетероядерных димеров были получены методом лазерно-индуцированной флуоресценции в условиях, благоприятствующих образованию кластеров. В основе этого метода лежит анализ спектров, возникающих при возбуждении гетероядерных молекул в газодинамической струе газовой смеси, охлаждающейся за счет ее адиабатического расширения до криогенных температур при прохождении через сверхзвуковое сопло. Также было рассмотрено излучение гетероядерных димеров в низкотемпературной плазме бинарных смесей инертных газов (при охлаждении жидким азотом для повышения интенсивности излучения) [50].

Газоразрядная плазма локально охлаждается при попадании в нее кластеров или капель постороннего материала. При испарении капель и частиц также происходит резкое повышение давления в прилегающих к ним областях. Это происходит при распылении в плазму аэрозолей и мелкодисперсных порошков, при лазерном испарении, в вакуумной дуге и искре, вторичной ионной эмиссии. Степень охлаждения и скачки давления зависят от массы, температуры и природы вводимого материала. В работе [3] отмечается, что если металлические атомы образуются в плазме буферного газа в результате распада введенных туда металлосодержащих молекул, то для протекания процесса разрушения газу необходимо сообщить заметную удельную энергию. Этот процесс сопровождается охлаждением буферного газа, что способствует кластерообразованию.

Условия для образования комплексных соединений газов возникают, когда распыленные в них кластеры и капли собирают на себя газовые ионы плазмы (аналогия с агрегатным генератором кластеров (п.3.4)), а затем, в результате столкновений или других процессов, оболочка теряется в виде газовых кластеров. Так, например, при лазерном распылении материалов в атмосфере инертных газов, образуются смешанные кластеры углерода, кремния и германия с Ar, Kr и Xe [32]. В индуктивно-связанной плазме также образуются полиатомные ионы: AuX, AgX, NiX, CuX и AlX, (где X: Ar, O, N и H) [51].

В газовых лазерах (п.2.7), при генерации излучения воспроизводятся условия, соответствующие условиям хотя бы одного из способов производства кластеров (раздел 3).

В газоразрядных лазерах для формирования активной среды используются электрические разряды: тлеющий, высокочастотный и дуговой разряды, как и в традиционных ИВС.

В газодинамических лазерах (для получения инверсии) используется процесс газодинамического "замораживания" путем расширения и охлаждения газа. Вспомогательный газ (аргон или гелий) лишь отбирает избыточную тепловую энергию у газа излучателя (как и при получении кластеров). Серьезные требования предъявляются к глубине охлаждения газового потока при сверхзвуковом охлаждении. В лазере на углекислом газе глубина охлаждения газового потока составляет 40 – 80 К [20]. Лазер на угарном газе обладает высокой интенсивностью лишь при низких температурах [18]: для понижения температуры трубка с активной средой опускалась в жидкий азот (T = 77 K). Это уже условия существования криогенной плазмы (п.3.4.).

Эксимерные лазеры обычно работают при высоких давлениях и низких температурах, что соответствует условиям кластерообразования любых газов.

4.3 Выводы

Теория атомных спектров – это описательная теория (и хорошее мнемоническое правило), и на данном этапе она не претендует на объяснение истинной природы атомных спектров.

Проведенный анализ экспериментального материала показывает, что плазма ИВС – это кластерная плазма. Условия образования и существования кластеров (раздел 3) и условия необходимые для возбуждения излучений (раздел 2) имеют очевидное сходство, а во многих случаях – идентичны.

Полностью еще не изучены или не нашли своего объяснения все физические явления, лежащие в основе действия ИВС и способов получения кластеров. Ряд явлений, наблюдающихся в ИВС, можно объяснить присутствием и/или фрагментацией кластеров.

Исходя из способности молекул [5] и кластеров [1] давать узкие линии фотонной эмиссии и люминесценции, следует учитывать при интерпретации атомных спектров образование (или распад) полиатомных частиц в плазме ИВС.

Если есть излучение от гетероэлементных молекул [5], то следует учитывать излучение от гетероизотопных молекул одного элемента, например, при интерпретации мультиплетов. Для обнаружения узких молекулярных полос изотопосодержащих димеров в атомных спектрах можно поставить эксперимент, аналогичный [5], используя смеси изотопов.

Можно предположить, что некоторые из запрещенных линий принадлежат не атомным, а молекулярным или кластерным спектральным линиям.

Исходя из неизбежного присутствия кластеров в традиционных и специфических источниках излучения [52], можно допустить образование подобных частиц в твердотельных лазерах (в полупроводниковых в том числе). Основанием для данного предположения служит цитата из [22]: "Металлические кластеры возникают в ионных кристаллах или фоточувствительных стеклах при их облучении энергичными электронами, жесткими УФ- и рентгеновскими фотонами". Это, в свою очередь, является перечислением способов накачки лазеров. Можно допустить изначальное присутствие сложных частиц в активных средах твердотельных лазеров: кластеров неодима в кристаллах и стеклах (неодимовый лазер), кластеров хрома – в корунде (рубиновый лазер). Экспериментальное подтверждение данных предположений будет шагом к пониманию роли кластеров в источниках излучения. Это необходимо для усовершенствования лазеров, ИВС, а также для развития теории атомных спектров – экспериментальной базы модели строения атома.

Из анализа экспериментального материала складывается впечатление, что в ИВС и в газовых лазерах подбор условий возбуждения атомных спектров направлен на образование кластеров в определенной области их размеров и/или состояний (кристаллическом или жидком).

Для улучшения характеристик источников ИВС (например, снижения предела определения) изначально добиваются наименьшего размера частиц вводимых в плазму – так их легче десольватировать, атомизировать, а атомы затем возбудить. Уменьшение размеров частиц, при введении в плазму ИВС раствора, достигается с помощью ультразвукового распыления.

Новые типы ИВС могут быть созданы на основании понимания роли кластеров в излучателях, привлекая технологии получения кластеров и ионов. Например, в жидкометаллических ионных источниках, LMIS (Liquid Metal Ion Source), в процессе эмиссии мономерных ионов образуются и полимерные, доля и размер которых возрастают с ростом тока, а при достаточно больших токах существенная часть потери массы связана с заряженными микрокаплями [53].

Заряженные кластеры и микрокапли удобно подавать в ИВС. Для целей ввода образца в плазму также можно рассмотреть электрораспыление растворов, что аналогично подаче образца в масс-спектрометрии.

С другой стороны, для развития нанотехнологий является актуальным расширение способов производства и перечня элементов (или смесей элементов), получаемых в виде кластерных пучков. Этого можно добиться применением устройств и/или принципов, заложенных (или модифицированных) в ИВС. Например, перспективным может быть распыление в плазму растворов (в том числе неводых) или суспензий.

Литература

1. Е.А.Бондаренко, Э.Т.Верховцева, Ю.С.Доронин, А.М.Ратнер, "Влияние размера кластера на энергетическую релаксацию, проявляющуюся через спектры люминесценции кластеров аргона, криптона и ксенона", Изв. АН, Сер. физ., 62, 1103-1106 (1998).

2. Б.М.Смирнов, "Кластерная плазма", УФН, 170, 495-534 (2000).

3. Б.М.Смирнов, "Генерация кластерных пучков", УФН, 173, 609-648 (2003).

4. T.Mocek, C.M.Kim, H.J.Shin & ath."Soft-x-ray emission from small-sized Ne clusters heated by intense femtosecond laser pulses", Phys. Rev. E, 62, 4461-4464 (2000).

5. Г.Н.Герасимов, "Оптические спектры бинарных смесей инертных газов", УФН, 174, 155-175 (2004).

6. Д.Г.Мухамбетов, Спектроскопическое исследование влияния внешнего магнитного поля на распределение частиц вещества в низкотемпературной дуговой плазме. Автореф.соиск. уч.ст. канд. физ-мат. наук (01.04.05 – Оптика), Алма-Ата, Каз.ГУ 1975.

7. В.В. Пластинин, Газоразрядные источники возбуждения света, Томск: Изд. Томского ун-та, 1978, 159 с.

8. Г.И.Беков, А.А.Бойцов, М.А.Большов и др. Спектральный анализ чистых веществ, СПб: Химия, 1994.

9. Inductively Coupled Plasmas in Analytical Atomic Spectrometry, (Eds. A.Montaser, D.W.Golightly), VCH Publishers, New York 1992.

10. М.Томпсон, Д.Н.Уолш, Руководство по спектрометрическому анализу с индуктивно-связанной плазмой, Недра, Москва, 1988.

11. J.A.C.Broekaert, Analytical Atomic Spectrometry with Flames and Plasmas, Wiley-VCH Verlag GmbH & Co, Weinheim, (FRG), 2002.

12. А.А.Пупышев, Русскоязычные книги по теории, аппаратуре и практике применения методов пламенной фотометрии, атомно-абсорбционной атомно-флуоресцентной и атомно-ионизационной спектрометрии, / Аналитика и контроль. 1998. №1(3). с. 99-101.

13. А.А.Пупышев, Русскоязычные книги по теории, аппаратуре и практике применения методов атомного спектрального анализа. Часть 2. А.А.Пупышев, Аналитика и контроль. 1998. №2(4). С.88-104 (разделы 1-7.2). /Аналитика и контроль. 1998. №3-4. С.147-160 (разделы 7.3-18).

14. Е.В.Аглицкий, В.В.Вихров, А.В.Гулов и др. Спектроскопия многозарядных ионов в горячей плазме, Наука, Москва,1991.

15. Пупышев А.А., Данилова Д.А., Атомно-эмиссионный спектральный анализ с индуктивно связанной плазмой и тлеющим разрядом по Гримму. Екатеринбург: ГОУ ВПО УГТУ-УПИ, 2002. 202 с.

16. Glow Discharge Plasmas in Analytical Spectroscopy (Eds. R.K.Marcus, J.A.C.Broekaert), John Wiley & Sons Ltd, Chichester, (England), 2003.

17. Ю.А.Быковский, В.Н.Неволин, Лазерная масс-спектроскопия, Энергоатомиздат, Москва, 1985.

18. А.В.Елецкий, Б.М.Смирнов, Газовые лазеры, Атомиздат, Москва, 1971.

19. Р.И.Солоухин, В.Н.Карнюшин, Макроскопические и молекулярные процессы в газовых лазерах, Атомиздат, Москва,1981.

20. Р.И.Солоухин, Н.А.Фомин, Газодинамические лазеры на смешении, Наука и техника, Минск, 1984.

21. В.И.Донин, Мощные ионные газовые лазеры, Наука, Новосибирск, 1991.

22. Ю.И.Петров, Кластеры и малые частицы, Наука, Москва, 1986.

23. Г.Н. Макаров, Экстремальные процессы в кластерах при столкновении с твердой поверхностью, УФН, т. 176, № 2, 2006, 121 – 172.

24. Г.Н. Макаров, Кластерная температура. Методы ее измерения и стабилизации, УФН, Т.178, № 4, 2008, 337-376.

25. В Хофер, "Распределения распыленных частиц по углам, энергиям и массам", в кн. Распыление под действием бомбардировки частицами. Выпуск III., (ред. Р Бериш, К Виттмак), Мир, Москва, с. 87-136, (1998).

26. В.И.Матвеев, "Распределения кластеров по зарядам и размерам при ионном распылении металла", ЖТФ, 72, 115-119 (2002).

27. И.В.Веревкин, С.В.Верхотуров, А.М.Гольденберг, Н.Х.Джемилев, "Исследование спектров энергий распада рыспыленных кластерных ионов", Изв. АН Сер. физ., 58 57-61 (1994).

28. И.А.Войцеховский, М.В.Медведева, В.Х.Ферлегер, "Ионизация и фрагментация кластеров, распыленных с поверхности металла ускоренными ионами", ЖТФ, 67, 1-5 (1997).

29. С.Ф.Белых, В.И.Матвеев, У.Х.Расулев и др, Изв. АН, Сер. физ., 62, 813-820 (1998).

30. P.Milani, W.A.deHeer, "Improved pulsed laser vaporization source for production of intense beams of neutral and ionized clusters", Rev. Scien. Instrum., 61, 1835-1838 (1990).

31. Б.Н.Козлов, Б.А.Мамырин, "Масс-спектрометрический анализ кластеров, образующихся при лазерном распылении образца", ЖТФ, 69, 81-84 (1999).

32. C.Lüder, E.Georgiou, M.Velegrakis, "Stadies on the production and stability of large C_N^+ and $M_x^+R_N$ (M = C, Si, Ge and R = Ar, Kr) clusters, Int. J. Mass Spectrom. Ion Proc., 153, 129-138 (1996).

33. N.R.Walker, G.A.Grieves, J.B.Jaeger & ath. "Generation of "unstable" doubly charged metal ion complexes in a laser vaporization cluster source", Int. J. Mass Spectrom., 228, 285 (2003).

34. Б.М.Смирнов, Комплексные ионы, Наука, Москва, 1983.

35. R.N.Varney, Phys. Rev., 174, 165-172 (1968).

36. Э.И.Асиновский, А.В.Кириллин, А.А.Раговец, Криогенные разряды, Энергоатомиздат, Москва, 1988.

37. R.A.Gerber, M.A.Gusinow, "Helium ions at 76 °K: their transport and formation properties", Phys. Rev. A, 4, 2027-2033 (1971).

38. A.vanDeursen, J.Reuss, "Measurements of intensity and velocity distribution of clusters from a H_2 supersonic nozzle beam", Int. J. Mass Spectrom. Ion Phys., 11, 483-489 (1973).

39. Б.М.Смирнов, "Процессы в кластерной плазме и кластерных пучках", Письма в ЖЭТФ, 68, 741-746 (1998).

40. Б.М.Смирнов, "Свойства кластерной плазмы", ТВТ, 34, 512-518 (1996).

41. Г.А.Месяц, Эктоны в вакуумном разряде: пробой, искра дуга, Наука, Москва, 2000.

42. Масс-спектрометрический метод определения следов, (ред. М.С.Чупахин), Мир, Москва, 1975.

43. Б.М.Смирнов, "Процессы в плазме и газах с участием кластеров", УФН, 167, 1169-1200 (1997).

44. Б.М.Смирнов, "Свойства кластерной плазмы", ТВТ, 34, 512-518 (1996).

45. Л.И.Курлапов, "Кластерная модель газа", ЖТФ, 73, 51-55 (2003).

46. Л.И. Курлапов, Мезоскопия кластерных газов. Стр. 136 – 139, ЖТФ, 2005, т.75, вып.7

47. М.Ф.Артамонов, В.И.Красов, В.Л.Паперный, "Регистрация ускоренных многозарядных ионов из катодной струи вакуумного разряда", ЖЭТФ, 120, 1404-1410 (2001).

48. S.Schütte, U.Buck, "Strong fragmentation of large gas clusters by high energy electron impact", Int. J. Mass Spectrom., 220, 183-192 (2002).

49. Bobbert C, S.Schütte, C.Steinbach, U.Buck, "Fragmentation and reliable size distributions of large ammonia and water clusters", Eur. Phys. J. D, 19, 183-192 (2002).

50. C.D.Pibel, K.Yamanouchi, J.Miyawaki, J. Chem. Phys., 101, 10242-10251 (1994).

51. N.F.Zahran, A.I.Helal, M.A.Amr, "Formation of polyatomic ions from the skimmer cone in the inductively coupled plasma mass spectrometry", Int. J. Mass Spectrom., 226, 271-278 (2003).

52. Шатов В.В. Кластеры в источниках излучения. Часть II. Атомные и ионные пучки, ионные ловушки, beam-foil-спектроскопия. ДНА, в этом выпуске.

53. Л.Суонсон, А.Белл, "Жидкометаллические ионные источники", в кн. Физика и технология источников ионов (ред. Я.Браун), Мир, Москва, 339-357 (1998).

Серия: **ФИЗИКА И АСТРОНОМИЯ**

Шатов В.В.

Кластеры в источниках излучения. Часть II. Атомные и ионные пучки, ионные ловушки, beam-foil-спектроскопия.

Аннотация

Анализ экспериментов с ионными и атомными пучками, выполняемых для получения атомных спектров или параметров излучения, говорит о присутствии кластеров в пучках и ионных ловушках. Это следует учитывать при интерпретации принадлежности спектральных линий и определении параметров излучения.

Исследование может представлять интерес для развития теории атомных спектров.

Оглавление

1. Введение

Широкое применение атомных, ионных и кластерных пучков в физике и технике предполагает надежное знание их состава и процессов, происходящих в них.

В работе рассмотрено кластерообразование в пучках атомов, молекул, ионов и в ионных ловушках – специфических источниках света, не вошедших в первую часть исследования [1]. В статье [1] было доказано присутствие кластеров в традиционных источниках возбуждения атомных спектров (ИВС), таких как: пламя, дуга, искра, плазма, лазер.

В традиционных ИВС главной причиной уширения спектральных линий является эффект Допплера, обусловленный беспорядочным движением излучающих атомов или молекул. Даже лампа Шюлера, охлаждаемая жидким водородом, не всегда может дать достаточно резких линий. Применяя атомные пучки, можно уменьшить ширину спектральных линий, не пользуясь низкими температурами [6]. Для возбуждения излучения пучков используется электронный удар, облучение светом, столкновение с мишенью.

Во всех рассматриваемых в работе специфических источниках излучения (кроме атомных пучков) работают в основном с многозарядными ионами (МЗИ). Спектроскопия МЗИ всегда представляла интерес как для чистой физики (при изучении структуры атома точное измерение уровней энергии МЗИ обеспечивает проверку теории строения атома), так и для прикладной науки (диагностика плазмы и развитие рентгеновской спектроскопии).

Beam-foil-спектроскопия, имея ряд ограничений, применяется для определения времен жизни возбужденных состояний атомов и ионов [7].

Характеристики оптического (и рентгеновского) излучений ионов такие как: времена жизни возбужденных состояний, силы осцилляторов, потенциалы ионизации, также определяются в ионных ловушках и сторожевых кольцах ускорителей [8].

Задача настоящего исследования состоит в том, чтобы на основании анализа экспериментального материала, показать возможность образования и фрагментации кластеров в специфических источниках возбуждения атомного спектра: ионных и атомных пучках, ионных ловушках и в beam-foil спектроскопии. Внимание при этом акцентировано на необходимости учета присутствия кластеров в случаях, где это не всегда ожидается. Например: при ионизации, возбуждении газов не предполагают образование сложных частиц в плазме ионных ловушек или в сторожевых кольцах, могущих давать вклады в атомные спектры.

Понимание роли кластеров в источниках излучения требуется для корректной интерпретации атомных спектров и надежного установления параметров излучения.

2. Атомные пучки в спектроскопии

До середины прошлого века атомные пучки широко привлекались для определения характеристик оптического излучения [6]. Преимущество атомных пучков заключается в практическом устранении доплеровского уширения линий. Это достигается тем, что наблюдение ведется в направлении, перпендикулярном к движению атомов.

Прямой метод определения вероятностей переходов по излучению спектральных линий – это измерение времени затухания свечения спектральной линии. Такие измерения были впервые выполнены Вином, наблюдавшим "высвечивание" линий в каналовых лучах. Вуд и Релей наблюдали затухание флуоресценции в атомном пучке. Атомные пучки позволяют изучать тонкую и сверхтонкую структуру линий, для чего с успехом применяют как метод поглощения (для резонансных линий), так и метод испускания. Для получения достаточного поглощения применяются многократные атомные пучки. Пучки атомов, могут быть полезны для прецизионных измерений интенсивности спектральных линий. Эти источники позволяет исключить эффект самопоглощения, что достигается применением различных глубин пучка.

Атомный пучок представляет собой направленный поток атомов, движущихся в вакууме почти без столкновений друг с другом (возможны соударения "догона") и с молекулами остаточных газов. Свойства атомных пучков зависят от методов их получения. Наибольшее применение имеют пучки, получаемые в эффузионных и газодинамических источниках. В эффузионном источнике пучок формируется при помощи диафрагм, вырезающих часть потока газа, истекающего из камеры в вакуум через небольшое отверстие. Диаметр отверстия D и давление в камере подбирают таким образом, чтобы выполнялось условие: число Кнудсена $Kn = l /D >> 1$, где l – средняя длина свободного пробега частиц в источнике. При этом имеет место молекулярное истечение газа (эффузия).

Газодинамические источники основаны на использовании свободного расширения струи при истечении газа в вакуум; при этом выполняется условие $Kn << 1$. Атомный (молекулярный) пучок формируется посредством вырезания ядра струи скиммером – конусообразной диафрагмой с острыми кромками.

Принцип создания атомного пучка из паров металла вкратце сводится к следующему [6]. Металл плавится в печи с малым отверстием. Если давление пара в печи не слишком высоко, атомы будут вылетать через апертуру печи (в виде круглого отверстия или щели) по прямолинейным путям, образующим расходящийся пучок атомных лучей. С помощью коллиматорной камеры, можно выделить из расходящегося потока частиц узкий пучок.

Направления движения атомов будут лишь на малые углы отклоняться от линии, соединяющей центры апертуры изображения и апертуры печи, т. е. от оси пучка. Если атомы возбуждены (соударением с электронами или фотонами) и если излучение наблюдается при помощи спектрометра, ось коллиматора которого перпендикулярна к оси пучка, доплеровская ширина уменьшится, так как уменьшатся компоненты скорости излучающих атомов в направлении линии наблюдения.

Несмотря на значительные преимущества источников с атомными пучками перед другими источниками в получении узких спектральных линий, они не нашли широкого распространения в технике спектроскопии и из-за сложности конструкций и невысокой точности измерений.

3. Спектроскопия ионов

В последнее время много усилий направлено на исследование излучения плазмы в областях УФ-спектра: вакуумного ультрафиолета (ВУФ) и экстремального ультрафиолета (ЭУФ) [9]. Приведем некоторые примеры.

В исследованиях термоядерного синтеза, реакции многократно заряженных ионов (МЗИ) представляют существенную часть бюджета энергии, и их спектроскопические наблюдения являются важным диагностическим инструментом. Знание состава горячей плазмы, ее загрязнение ионами материалов, в которых она производится и удерживается, необходимо для учета данного факта, т.к. от этого зависят свойства плазмы, в частности, значительная часть энергии теряется с излучением МЗИ. С этой целью, например, был изучен спектр около 60 линий вольфрама в области ЭУФ (4 – 8.5 нм) в ионной ловушке с электронным пучком EBIT (Electron Beam Ion Trap) [10].

Установка Super-EBIT (в Ливеморе) является инструментом как для изучения МЗИ, так и помощником при установлении спектроскопического стандарта в изучении плазмы [11]. Аппаратура перекрывает излучение света от ВУФ до видимой области спектра и предназначена для спектрального анализа линий эмиссии МЗИ.

Оптические спектры МЗИ Ne, Ar и Kr были возбуждены в ловушке LLNL EBIT-II [12] для установления границ возбуждения и, таким образом, зарядовых состояний, переходов в МЗИ. Вдоль изоэлектронных последовательностей, энергии переходов обычно быстро возрастают, поэтому линии, которые у нейтральных атомов легких элементов появляются в видимой области спектра, находятся в ВУФ для промежуточных/средних кратностей заряда МЗИ и в области ЭУФ – для МЗИ высоких кратностей заряда. Хотя спектры МЗИ и лежат в оптической области, они относятся к переходам непривычным для классической спектроскопии и являются недостаточно изученными для МЗИ с кратностью заряда выше трех.

Спектроскопические исследования ряда запрещенных переходов МЗИ (длины волн Ar XIV и Ar XV) выполнены на EBIT (Heidelberg EBIT) в оптической области с высокой точностью (с ошибкой меньшей, чем 0.2%) [8]. Изучение сверхтонкой структуры водородоподобных изотопов таллия проведено на Super EBIT [13]. В работе [14] на EBIT получен ряд запрещенных линий инертных газов, измерены времена жизни, например, на NIST EBIT был изучен спектр Kr в области 320 – 460 nm.

В связи с тем, что основным объектами данного исследования являются ионы, рассмотрим некоторые из устройств генерирующих МЗИ.

3.1 Производство ионов

Ионы получают в специальных устройствах, источниках ионов (ИИ), из которых заряженные частицы вытягиваются и формируются в виде пучков. После того, как пучок сформирован в ИИ и выделен отклоняющим магнитом (или другим образом) в определенном зарядовом состоянии, он подается в ускоритель, ионную ловушку, сторожевое кольцо или на мишень.

В масс-спектрометрии широко применяют ИИ, использующие воздействие на вещество энергии лазера, искры, дуги, индуктивно связанной плазмы, тлеющего разряда [15 – 19]. Для получения высококачественных пучков МЗИ в ускорителях и экспериментах по атомной физике широко применяются ИИ на электронном циклотронном резонансе, ECR (Electron Cyclotron Resonance) [20 – 26], ИИ PIG-типа (Penning Ionization Gauge) [27], ИИ с электронным пучком EBIS (Electron Beam Ion Source) [28] и др. Подробно с физикой и технологией ИИ можно ознакомиться в коллективной монографии [15].

3.2 Ионные ловушки

Определение атомных времен жизни выполняют с использованием ионных ловушек разных типов: электростатической (Киндона), магнитной (Пенинга), радиочастотной (Пауля). Измерение времени жизни захваченных в ловушки ионов в низкозарядовых состояниях ($q = 1 - 3$) производится в области времен от части миллисекунд до нескольких секунд [8]. EBIT пригодны для измерения времен жизни в очень широкой области: от субпикосекунд до нескольких секунд [см. ссылки в 12].

Примером раздельного производства ионов и их захвата для измерения атомного времени жизни является захват ионов из пучка, проходящего поперек объема электростатической ионной ловушки [8 и ссылки приведенные там]. Ионный пучок получается в ИИ ECR (типа ECRIS) и выделяется магнитом в определенном зарядовом состоянии в систему транспортировки ионного пучка. Когда напряжение на ловушке поднимается до рабочих значений, часть пучка (около 10 см длины) захватывается внутрь ее и в течение нескольких секунд наблюдается оптическое излучение. ИИ ECR в данных установках позволяет получать МЗИ вплоть до $q = +14$. Энергия ионов находится в области нескольких кэВ, что оказывается лучше для определенности эксперимента, чем энергии ионов, получаемых прямо в обычных ловушках (1 – 10 эВ), однако сечение столкновения остается все-таки высоким по сравнению с МэВ-ными ионами в сторожевых кольцах.

3.2.1 Ионные ловушки с электронным пучком EBIT

Ловушки EBIT используются как для получения многозарядных ионов [29 – 31] (схема NIST EBIT доступна на сайте [30]), так и для изучения спектров атомов (рентгеновских или оптических) [32]. МЗИ могут извлекаться из EBIT и доставляться к специальным устройствам для изучения.

Работу ИИ EBIT для производства МЗИ (и голых ядер урана) можно представить следующим образом [31]. В источнике EBIT электронный пучок, сжатый магнитным полем порядка 3 Т, распространяется вдоль оси ловушки. Аппаратура работает при температуре 4 К. Средняя плотность тока электронного пучка соответствует ~ 5000 А/см^2 (при радиусе пучка 35 мкм). Положительные ионы удерживаются в электронном пучке его пространственным зарядом и подходящим распределением электрического поля вдоль ловушки. Для длительного удержания ионов урана в [32] применялась техника испарительного ион-ионного охлаждения. При этом колимированный пучок атомов неона с контролируемой плотностью пересекает электронный пучок перпендикулярно к нему; часть атомов неона (~ 0,2%) захватывается после ионизации, нагревается, преимущественно столкновениями с ионами урана, и достигает высокого среднего зарядового состояния до аксиального выхода из ловушки, унося ~ 300 эВ на ион. Малозарядными ионами урана ловушка первоначально заполняется инжекцией из источника с вакуумной искрой [32].

EBIT для спектроскопических измерений можно рассмотреть на примере работы [10]. Первичные ионы вольфрама производятся в ИИ металлический пар в вакуумной дуге MEVVA (a metal vapor vacuum arc) [33]. Энергии электронного луча 3 кэВ достаточно для производства ионов вольфрама всех зарядовых состояниях, представляющих интерес. Далее ионы вольфрама инжектируются в EBIT II и удерживаются там комбинацией электрических полей дрейфовой трубки и несущего магнитного поля. Захваченные ионы ионизируются столкновениями с быстрыми электронами. Наивысшие зарядовые состояния достигаются, когда энергия электронного пучка превышает потенциал ионизации иона. Следовательно, энергия электронов может варьироваться так, чтобы изменять распределение зарядовых состояний. В частности, она может быть подведена к границе производства конкретного иона. Последовательность таких экспериментов при различной энергии электронов даст, таким образом, спектры, которые отличаются вкладом одного зарядового состояния.

Для измерения атомных времен жизни в источнике EBIT [8] энергия электронного пучка модулируется выше или ниже границы производства и/или возбуждения, или выключается после периода производства ионов. В последнем случае получается режим магнитной ловушки Пеннинга со временем сохранения ионов до нескольких секунд. EBIT дополняет работу сторожевого кольца при определении атомных времен жизни МЗИ.

3.3 Эксперименты на сторожевом кольце для тяжелых ионов

Сторожевое кольцо тяжелых ионов – это чрезвычайно длинная ловушка для захвата части пучка ионов – кольцевой сосуд, в котором вращается пучок [см. ссылки в 8]. Для низкозарядных ионов спин-обменные, интеркомбинационные переходы имеют слишком малую скорость, чтобы определяться методом beam-foil спектроскопии. Сторожевые кольца позволили расширить измерения интеркомбинационных времен жизни вплоть до однократно заряженных ионов, а также облегчили подобные измерения для запрещенных электрических дипольных переходов. Вновь инжектированный в кольцо ионный пучок, как нитка на шпульке, слегка смещается после оборота, чтобы принять следующий виток. Техника, называемая укладка в штабель, позволяет аккумулировать пучок сохраненных ионов свыше 30 витков [на тестовом сторожевом кольце (TSR) в Гейдельберге], прежде чем фазовое пространство кольца заполнится и инжекция закончится, пучок может быть оставлен дрейфовать несколько минут. Далее ионный пучок может быть охлажден взаимодействием с холодным электронным пучком примерно той же скорости, это сжимает пучок в фазовом пространстве и позволяет добавить больше таких циклов накопления. Однако для низких зарядовых состояний ионов время охлаждения составляет порядка одной и более секунд, что является слишком длительным в сравнении с интересующим атомным времени жизни, и никаких преимуществ от охлаждения получено не будет.

При хорошем вакууме пучки МэВ-ионов в сторожевых кольцах могут оставаться многие секунды, минуты, иногда часы. Оптимальная рабочая область измерения атомного времени жизни может быть оценена, как от нескольких сот микросекунд до нескольких секунд. В экспериментах используют долгоживущие или метастабильные уровни ионов, получаемые в ИИ или обдирателе инжектора ускорителя.

Также существуют эксперименты, которые используют лазерное излучение в качестве пробника заселенности уровня сохраняемого ионного пучка или для сдвига его из метастабильного уровня на короткоживущий уровень, распад которого может быть легко наблюдаем [см. ссылки в 8].

Возбуждение внутри сторожевого кольца осложнено, так как взаимодействие с твердым веществом мишени будет деструктивным для ионного пучка. Поэтому возбуждение пучка взаимодействием с газовой мишенью или с электронами в секции охладителя применяется для спектроскопии, но не для измерений атомных времен жизни, так как ионы после успешного изменения заряда не могут более сохраняться.

3.4 Взаимодействие пучка ионов с мишенью. Beam-foil-спектроскопия

Отличие получения МЗИ методом обдирки от ионизации электронным ударом заключается в том, что в первом случае используются быстрые ионы и холодные электроны мишени, а во втором, наоборот, — холодные ионы и быстрые электроны.

Длительное время beam-foil-спектроскопия была единственной техникой способной измерять атомные времена жизни ионов любых элементов в любых зарядовых состояниях. В этом методе пучок быстрых ионов посылается через тонкую фольгу, где он испытывает столкновения в основном с электронами материала мишени. Ионы теряют небольшую часть своей энергии, но все-таки остается хорошо определяемый пучок, который имеет небольшое распределение относительно средней скорости. Размещение фольги на известном расстоянии от линии наблюдения спектрометра позволяет записывать испускание света через определенное время после возбуждения, и таким образом строить кривые распада (из которых можно извлечь атомные времена жизни) [7].

Чтобы однозначно определить, оптические свойства каких именно частиц измеряются, необходимо четко представлять надежность выделения и идентификации ионов заданной кратности заряда. Для уверенности в чистоте пучков атомов и ионов, используемых при определении оптических характеристик, проанализируем возможность кластерообразования в пучках и ловушках.

4. Кластеры в пучках атомов, ионов, ионных ловушках

Кластер – это система связанных атомов, молекул или ионов, и, как физический объект, он занимает промежуточное положение между молекулами – с одной стороны, и конденсированными системами – с другой. Кластеры металлов, углерода и других тугоплавких элементов отличаются от слабосвязанных ван-дер-ваальсовых кластеров сильной связью (1 – 10 эВ) и не разрушаются при сильном возбуждении, когда энергия, приходящаяся на один атом кластера, составляет порядка 1 эВ.

В данной работе под кластерами понимают нейтральные и заряженные частицы, состоящие из двух и более атомов. Подробно с производством и свойствами кластеров можно ознакомиться в работах [34 – 37].

4.1 Образование кластеров при получении пучков атомов

Как правило, атомные пучки получают из веществ, находящихся при обычных условиях в конденсированном состоянии [6]. Считается, что все металлы испаряются преимущественно в виде атомов и, в меньшей степени, димеров или тримеров; основные компоненты насыщенных паров неметаллов состоят в основном из кластеров: от димеров до декамеров (и более) [37].

С целью достижения максимальной чувствительности спектроскопических измерений на атомных пучках увеличивают их интенсивность, поднимая давление пара повышением температуры в ячейке. Это может приблизить эффузионный режим истечения атомарного пучка к газодинамическому. В первом случае источником атомного (молекулярного) пучка является насыщенный пар в эффузионной камере, во втором – молекулярный пучок формируется на выходе газодинамической струи и состоит, в том числе, из кластеров, образовавшихся в процессе конденсации адиабатно расширяющегося газа.

Зарастание отверстия эффузионной ячейки, вследствие конденсации пара, приведет к изменению его формы: удлинению (и формированию подобия сопла для производства кластеров). Применение капилляров, вместо отверстий в тонких крышках, способствует кластерообразованию в атомном пучке. К тому же, отражение части пучка от краев отверстия или узкой колимирующей щели, приводит к дополнительным преобразованиям в пучке. При этом вещество пучка, осажденное на краях, может распыляться атомами пучка в виде малых кластеров.

Высокие скорости откачки, для получения высокого вакуума в приборе, приводят к обогащению пучка кластерами, т.к. более легкие атомные частицы рассеиваются и откачиваются в первую очередь.

4.2 Образование кластеров при возбуждении атомных спектров в пучках

С целью получения атомных спектров и параметров излучения прибегают к возбуждению, ионизации атомов (или ионов) электронным пучком или лучом лазера. Появление в пучках кластеров (и их фрагментов) может быть вызвано тем, что облучение пучка мощными потоками электронов (или лазерных фотонов) приводит к образованию катионов и/или анионов, а также некоторому смещению траекторий части атомов или ионов вследствие электронного давления (подобно электронному ветру в плазменных ускорителях) или светового давления (как в радиационных ускорителях). Это вызывает ион-ионные и ион-молекулярные реакции в присутствии нейтрализующих электронов (первичных или вторичных). Кластерные ионы – это, как правило, более прочные образования, чем нейтральные комплексы.

4.3 Кластеры в пучках ионов

4.3.1 Изменение состава пучка ионов при его формировании, транспортировке, перезарядке

Примером изменений, происходящих с пучком ионов при перемещении, могут служить каналовые лучи [65]. Если в катоде существует узкое отверстие, то положительные ионы, движущиеся в темном катодном пространстве, проходят через отверстие и образуют в закатодном пространстве пучок каналовых лучей. На пути такого пучка газ светится. Вследствие явлений перезарядки (и/или обдирки) пучок состоит также из быстрых нейтральных молекул или атомов, отчасти возбужденных, и из отрицательных ионов. Под действием магнитного поля каналовый луч распадается на три пучка: положительный, отрицательный и нейтральный. При повторном пропускании каждого из пучков через магнитное поле, каждый из них вновь распадается на три пучка. Это говорит о постоянных превращениях пучков ионов и нейтральных частиц.

В [66] также отмечается, что реальные пучки ионов редко бывают ламинарны, и в любой точке пространства существуют траектории частиц, наклоненные относительно главной оси, что приводит к неламинарному потоку, и, следовательно, к взаимодействию в пучке.

При больших скоростях откачки (для получения высокого вакуума) возможно обогащение кластерами пучка ионов, выводимых из ИИ. Это аналогично уже неоднократно цитируемому примеру из [34], когда плазма послесвечения движется после сопла, атомные частицы рассеиваются и откачиваются из плазмы, тогда как столкновение кластера с атомами не ведет к заметному рассеянию из-за его большой массы, и через некоторое время поток плазмы с кластерами превращается в поток кластеров.

В работе [67] сказано, что реакции ионов с нейтральными молекулами могут происходить во время перемещения пучка в масс-спектрометре от источника к детектору, что приводит к усложнению масс-спектров, наблюдаемых при высокой чувствительности, которая необходима при анализе МЗИ.

Процессы, происходящие при нахождении пучков в масс-спектрометрах или ускорителях, под действием отклонений в магнитных и электрических полях, многократных фокусировок, дефокусировок, охлаждения, банчировок, ребанчировок, и др. изменяют их состав и свойства.

Сложность состава моноэнергетических ионных пучков можно продемонстрировать на примере получения анионов водорода перезарядкой [68]. В этом эксперименте пучок катионов водорода с энергией 9 кэВ пропускался через сверхзвуковую струю паров натрия. (В данном случае вероятно образование кластеров натрия и даже образование кластеров водорода по схеме аналичной получению кластеров в агрегатном генераторе частиц). Источник положительных ионов, при работе с которыми был получен максимальный ток отрицательных ионов водорода, H$^-$, формировал пучок, содержащий после прохождения мишени примерно 48% ионов H$^-$ с энергией 9 кэВ, образовавшийся из ионов H$^+$, 26% ионов H$^-$ с энергией 4.5 кэВ, возникших в результате распада H$_2^+$, и 26% ионов H$^-$ с энергией 3 кэВ, образовавшихся в результате диссоциации ионов H$_3^+$. Таким образом, от 50 до 75% анионов H$^-$ производятся из молекулярных ионов пучка. Одинаковые частицы H$^-$ с дискретными ("квантованными") энергиями разделятся анализатором, как разные ионы.

4.3.2 Изменение состава пучка ионов при обдирке

Для получения высоких кратностей заряда МЗИ в ускорителях широко используют обдирку на газовых мишенях или фольге [69 – 73].

Из предыдущего подпункта (4.3.1) следует, что пучки, бомбардирующие мишень, не являются моноатомными. При взаимодействии молекулярных ионов с твердым телом возможен их кулоновский взрыв [69]. Кинетическая энергия, выделяемая в процессе кулоновского взрыва кластера, влияет на энергетическое и угловое распределение осколков, вылетающих в направлении пучка из мишени.

В работе [69] рассмотрено пропускание ионов H$_2^+$, ^{3}He$_2^+$, ^{4}He$_2^+$, ^{4}HeH$^+$, D$_3^+$, ^{3}HeH$^+$ (с энергией 0.8 – 3.6 МэВ) через различные твердые мишени. Показано, что после обдирки молекул: H$_2$, ^{3}He$_2^+$, ^{4}HeH$^+$, D$_3^+$ и др. получались два-три массовых пика в зависимости от толщины фольги. При изучении обдирки на газовой мишени 14-ти различных моноатомных ионов [73] в масс-спектрах также получили до трех пиков для каждого из элементов, что было бы логично объяснить вкладом от фрагментации сложных частиц. Однако авторы объясняют это разными состояниями возбуждения ионов, идущих на обдирку.

Обдирка на газовых мишенях напоминает метод диссоциации, активированной столкновениями (спектроскопия кинетических энергий фрагментарных ионов, образовавшихся при соударениях ионов с газом) [38]. Сходство между условиями получения МЗИ методом обдирки и фрагментацией сложных частиц подтверждается экспериментом [71], в котором двухзарядные молекулярные ионы гелия ^{4}He$_2^{2+}$ получались путем обдирки ионов ^{4}He$_2^+$ на газовой мишени (азот). Однако в результате серьезной интерференции с пиком ^{4}He$^+$ от фрагментации по схеме: ^{4}He$_2^+$ + N$_2$ → ^{4}He$^+$ + ^{4}He + N$_2$, оказалось невозможным отличить масс-спектры МЗИ от фрагментов.

Условия получения МЗИ обдиркой имеют сходство с методом расщепленного пучка [74]. В этом методе, для изучения изменений при столкновении одинаковых ионов, монокинетический ленточный ионный пучок фокусируется, что приводит к пересечению траекторий ионов в области фокуса и возникновению в пучке новых частиц. Для сравнения: в обычном методе обдирки при доставке пучка к газовому обдирателю, он также фокусируется на мишень с малым углом сходимости (в работе [75] – это порядка 12 миллирадиан). Мишень при этом – поставщик электронов и нейтралов.

Для проходящего пучка нейтрализующими агентами могут оказаться фрагменты мишеней или нейтрализованные на мишенях ионы из пучков и электроны, выбитые из мишени. Сечения перезарядки между МЗИ и нейтральными частицами очень велики: перезарядка на 3 – 4 порядка больше соответствующих сечений ионизации электронным ударом [20]. Скорости реакции пропорциональны скоростям сталкивающихся частиц. Для снижения перезарядки плотность числа нейтральных атомов должна быть на два порядка меньше плотности числа электронов.

4.4 Кластеры в beam-foil спектроскопии

Состав ионного пучка, среднее зарядовое состояние и распределение заряда ионов, покидающих мишень, зависит от энергии и состава бомбардирующих ионов [7]. При энергии порядка 100 кэВ пучок может содержать фракцию отрицательно заряженных ионов [8]. Наличие нейтральной составляющей в пучках, прошедших мишени, является важным моментом метода beam-foil спектроскопии [7].

Как показано в п. 4.3.1, пучок, поступающий на мишень (для снятия спектроскопических характеристик после ее прохождения) имеет сложный состав. Развивая тему усложнения пучков, прошедших через мишень, рассмотрим факторы, которые в процессе обдирки могут привести к образованию сложных, метастабильных частиц, фрагменты которых в дальнейшем могут быть приняты за МЗИ, а спектральные линии, испускаемые очень быстрыми фрагментами или кластерами, могут быть приписаны атомарным частицам.

Один из первых методов получения кластеров связан с ионным распылением твердых тел бомбардировкой мишени ионами килоэлектронвольтных энергий (при этом получаются пучки небольших кластеров ограниченной интенсивности) [35]. При ионной бомбардировке тонких мишеней помимо обычного распыления, также имеет место распыление материала вперед, что подтверждается присутствием спектральных линий атомов мишеней в эмиссионных спектрах. В работе [33] отмечается, что одним из процессов, сопровождающих столкновение высокоэнергетических и кластерных ионов с твердой поверхностью, является эмиссия электронов, нейтральных и заряженных частиц (атомов, молекул и кластеров) [76 – 78]. В случае применения тонких мишеней (порядка 5 – 300 нм), при их бомбардировке ионами, молекулами и кластерами, эмиссия всех этих частиц наблюдается с обеих сторон фольги. В работе [77] исследовалось взаимодействие кластеров водорода H_N^+ ($N = 1 – 13$) с углеродной фольгой. Были измерены выходы электронов, образующихся в области энергий снарядов 40 – 120 кэВ/протон, как функция размера кластера и толщины фольги, по направлению движения "снарядов" и в противоположном направлении. Оказалось большим сюрпризом проникновение кластеров H_9 через фольгу толщиной 300 нм.

Распыление вещества ионами, кластерами вперед подобно распылению фольги лазерным лучом: появляются разнообразные частицы с очень высокими энергиями [17].

От способа производства ионов, бомбардирующих мишени, зависит состав пучка, падающего и прошедшего через мишень. В пучках могут присутствовать, помимо ионов и нейтралов, как жидкие кластеры, так и кристаллические, как горячие, так и холодные. В большинстве методов получения сильносвязанных кластеров (лазерный метод, метод распыления, импульсные разряды) формирующиеся кластеры, если они не охлаждены столкновениями с буферным газом, являются горячими. При дополнительном возбуждении кластеров интенсивным лазерным излучением, электронным ударом, энергичными ионами, столкновением с твердой мишенью переводит кластеры в высоковозбужденное состояние [79].

Множество экспериментов в beam-foil-спектроскопии выполнено с углеродной мишенью [7], а согласно экспериментальным и теоретическим исследованиям малые кластеры углерода C_N^+ очень активны [60], что повышает вероятность образования смешанных кластеров углерода.

Столкновения ионов, электронов и нейтралов распыленной мишени с частицами пучка приведет к их совместному агрегированию за мишенью. Например, при лазерном распылении материалов в атмосфере инертных газов, образуются смешанные кластеры углерода, кремния и германия с Ar, Kr и Xe [59]. При этом ионы (C–A r)$^+$ являются очень стабильными [60], с энергией связи порядка 1 эВ. В ИИ с индуктивно связанной плазмой обнаружено образование полиатомных ионов AuX, AgX, NiX, CuX и AlX, (где X: Ar, O, N и H) из материала скиммера, выделяющего ионный пучок [61].

4.5 Кластерообразование в ускорителях

Для образования сложных частиц в ускорителях характерны процессы, уже отмеченные выше при рассмотрении кластерообразования в ионных пучках (п.п. 4.3.1, 4.3.2). Дополнительно остановимся на изменении состава пучков МЗИ при охлаждении ионных пучков электронами. В этой связи интересна работа [80], в которой наблюдалось аномальное поведение малого количества частиц в пучках МЗИ, охлажденных электронами. Даже без продолжения охлаждения холодный ионный пучок совершает в сторожевом кольце более 10^6 оборотов без значительного увеличения температуры. Охлаждение ионных пучков до экстремальной пространственной фазовой плотности приводит к генерации упорядоченной структуры, часто называемой кристаллическим пучком. Существование таких упорядоченных структур демонстрировалось в ловушках заряженных частиц в покое [64]. Впервые на эффект упорядочения в быстром, охлаждаемом электронами пучке протонов в NAP-M кольце указано в работе [81]. Уже в ранних теоретических исследованиях [82] отмечалось, что МЗИ дают лучшие предусловия для достижения упорядоченных структур, и фактор уменьшения моментального расширения пучка возрастает с зарядом иона [80]. В зависимости от линейной плотности пучок может перестроиться в одномерную струну или, для более высокой линейной плотности, даже в двух- или трехмерный кристалл [83]. Однако, для двух- и трехмерных структур неясно, смогут ли они сохраниться, когда подвергаются сильным разрушающим нагрузкам в поворотных магнитах или фокусирующих полях квадрупольных магнитов сторожевого кольца. Возможно, что образование упорядоченных структур связано (в том числе) с нейтрализацией МЗИ охлаждающими электронами.

5. Заключение

В достаточной степени еще не изучены все физические явления, лежащие в основе действия ИИ, генерации излучений и производства кластеров.

В работе [49] и в ряде других источников отмечается, что эмиссия кластеров, при взаимодействии высокоэнергетических частиц с твердым телом, является одним из наименее понятных разделов физики и этому вопросу уделяется пристальное внимание [49 – 53]. Число атомов, связанных в заряженные кластеры, может составлять порядка 50% интенсивности эмиссии атомарных ионов, в то время как нейтральные частицы (а их подавляющее большинство в распыленном потоке) образуют незначительное число кластеров и, таким образом, определяют меньшую фракцию связанных атомов. Однако надежной информации об истинном распределении распыленных частиц по размерам нет ни для заряженных кластеров, ни для нейтральных. Возможно, это связано с приборными эффектами: сильной дискриминацией тяжелых частиц в масс-спектрометрах или вследствие распада менее стабильных кластеров при их прохождении через прибор (примерно за 10^{-4} с). Массовые распределения могут отражать распределения стабильности кластеров в большей степени, чем истинные составы распыленных частиц.

Производство ионов сопровождается образованием кластеров [84]. Ибо основные ИИ (дуговые, искровые, лазерные, плазменные и.т.д.), как и источники возбуждения спектра, – это источники кластерной плазмы [1]. В определенных условиях для любых элементов могут существовать моноядерные кластеры таких размеров, что при их фрагментации существуют наложения в масс-спектрах от осколочных ионов на пики МЗИ [84]. Для спектроскопических измерений трудно выделить моноатомный пучок или пучок МЗИ с определенной кратностью заряда, без присутствия в них сложных частиц.

Особенность спектров МЗИ в том, что они значительно шире, чем у обычных атомов, типично имеющих очень острые и хорошо определяемые эмиссионные спектральные линии [29, 85]. Значительная ширина спектров МЗИ может быть объяснена, в том числе, излучением кластеров, имеющих узкие полосы эмиссии и/или фрагментацией многоатомных образований. Известно, что генерация быстрых ионов и электронов влияет на эмиссионные спектры [86]. Стремительное движение ионов приводит к деформации профилей спектральных линий вследствие эффекта Доплера [87]. Кулоновский взрыв кластеров одного размера дает выход частиц с дискретной энергией [88], и при моноатомном распаде кластеров разных размеров A_N получаются одинаковые частицы A с разными ("квантованными") энергиями, разными ("квантованными") доплеровскими сдвигами (сравните с дискретностью энергий ионов водорода, полученных перезарядкой (п.п. 4.3.1)).

Производство МЗИ, возбуждение атомов и ионов методом обдирки (п.4.3.2), оставляет немало вопросов к нынешнему объяснению этого метода ионизации. Может ли природа обдирки быть объяснена только сверхвысокими энергиями обдираемых частиц? Или здесь мы опять имеем дело с кластерообразованием и фрагментацией?

Возбуждение пучков ионов и атомов вызывает эмиссию видимых, ВУФ, ЭУФ и рентгеновских спектров. Кластеры также эффективно излучают в этих областях спектра. Кластерная плазма применяется в качестве источника света [26]. Взаимодействие кластерного пучка с фемтосекундным мощным лазерным импульсом используется для создания эффективных, компактных источников рентгеновского излучения [62]. В работе [68] отмечается, что появление спектральных линий МЗИ неона, Ne^{7+}, под действием фемтосекундных лазерных импульсов и при охлаждении газа ниже 150 К ясно указывает на образование кластеров из атомов неона. При этом рентгеновская спектроскопия является более чувствительным индикатором присутствия кластеров малого размера, чем метод рэлеевского рассеяния.

5.1 Выводы

Сопоставление способов возбуждения атомных спектров с методами получения кластеров [1] и с производством ионов (разделы 3, 4 и [84]) показывает подобие условий получения и тех, и других, и третьих.

Состав пучков определяется изначальным присутствием в них кластеров, а их колимирование, транспортировка, многочисленные фокусировки, отклонения, ускорения, банчировки, охлаждение и взаимодействие с мишенью приводят к дальнейшему усложнению пучков.

Из работ [1, 84] и данной статьи становится очевидным: нельзя пренебрегать присутствием сложных частиц при интерпретации атомных спектров и получении важнейших характеристик атомов, на которых базируются фундаментальные физические теории.

Литература

1. Шатов В.В. Кластеры в источниках излучения. Часть I. Традиционные источники возбуждения атомных оптических

спектров: пламя, дуга, искра, плазма, лазер. ДНА, в этом выпуске.

2. А.Бондаренко, Э.Т.Верховцева, Ю.С.Доронин, А.М.Ратнер, "Влияние размера кластера на энергетическую релаксацию, проявляющуюся через спектры люминесценции кластеров аргона, криптона и ксенона", Изв. АН, Сер. физ., 62, 1103-1106 (1998).

3. M. Mori, T. Shiraishi, E. Takahashi, H. Suzuki, L.B. Sharma, E. Miura, K. Kondo. Extreme ultraviolet emission from Xe clusters excited by high-intensity lasers. Journal of Applied Physics V. 90б № 7, 2001. 3595-3601.

4. Г.Н.Герасимов, "Оптические спектры бинарных смесей инертных газов", УФН, 174, 155-175 (2004).

5. C.D.Pibel, K.Yamanouchi, J.Miyawaki, S.Tsuchiya, B.Rajaram, R.W.Field, **"The $\Omega=1$ van der Waals and $\Omega=0$ $^+$ double well potentials of Xe 6s[3/2]$_0^1$ +Kr $^1S_0$ determined from tunable vacuum ultraviolet laser spectroscopy"**, J. Chem. Phys., 101, 10242-10251 (1994).

6. К. В. Мейснер, Применение атомных пучков в спектроскопии, УФН, вып. 3-4, 1946, стр. 333 – 358.

7. Beam-Foil Spectroscopy. Proceedings the Second International Conference on Beam-Foil Spectroscopy. Lysekil, Sweden, 7-12 June 1970. Nuclear Instruments and Methods. A Journal on Accelerators, Instrumentations and Techniques in Nuclear Physics. V.90. December 1970. Amsterdam.

8. E. Träbert, Precise atomic lifetime measurements with stored ion beams and ion traps. Can. J. Phys. 80: 1481-1501 (2002), http://cjp.nrc.ca.

9. J.R. Crespo Lypez-Urrutia, P. Beiersdorfer, K. Widmann, and V. Decaux, Visible spectrum of highly charged ions: The forbidden optical lines of Kr, Xe, and Ba ions in the Ar I to Kr I isoelectronic sequence. Can. J. Phys. Vol. 80, 1687- 1700, (2002), http://cjp.nrc.ca.

10. S.B. Utter, P. Beiersdorfer, and E. Träbert, Electron-beam ion-trap spectra of tungsten in the EUV. Can. J. Phys. 80: 1503–1515 (2002), http://cjp.nrc.ca

11. S.B. Utter P. Beiersdorfer, J. R. Crespo Lo´pez-Urrutia and, E. Träbert, EBIT Implementation of a normal incidence spectrometer on an electron beam ion trap, Rev. scien. Instr., V.70, № 1, 288 – 291 1999.

12. H. Chen, P. Beiersdorfer, C.L. Harris, E. Träbert, S.B. Utter, K.L. Wong. Optical Spectra from Highly Charged Ions.Physicca Scripta T92, 284 – 286, 2001.

13. Peter Beiersdorfer, Steven B. Utter, Keith L. Wong, Jose´ R. Crespo Lo´pez-Urrutia, Jerry A. Britten, Hui Chen, Clifford L. Harris, Robert S. Thoe, Daniel B. Thorn, Elmar Träbert, Martin G. H. Gustavsson, Christian Forsse´n, and Ann-Marie Ma°rtensson-Pendrill, Super EBIT electron-beam ion trap Hyperfine structure of hydrogenlike thallium isotopes. Phys. Rev. A, v. 64, 64 032506-1 – 64 032506-6

14. Traébert, P. Beiersdorfer, S. B. Utter and J. R. Crespo Loç pez-Urrutia, Forbidden Transitions in the Visible Spectra of an Electron Beam Ion Trap (EBIT), Physica Scripta. Vol. 58, 599-604, 1998.

15. Физика и технология источников ионов (ред. Я.Браун), Мир, Москва, 1998.

16. Масс-спектрометрический метод определения следов, (ред. М.С.Чупахин), Мир, Москва, 1975.

17. Ю.А.Быковский, В.Н.Неволин, Лазерная масс-спектроскопия, Энергоатомиздат, Москва, 1985.

18. Пупышев А.А., Суриков В.Т. Масс-спектрометрия с индуктивно связанной плазмой. Образование ионов. Екатеринбург: УРО РАН, 2006. 276 с.

19. А.А.Сысоев, М.С.Чупахин, Введение в масс-спектрометрию, Атомиздат, Москва, 1977.

20. И.Жонжен, К.Линейс, "Ионные источники на электронном циклотронном резонансе", в кн. Физика и технология источников ионов (ред. Я.Браун), Мир, Москва, 223-247 (1998).

21. G.D.Shirkov, "A new approach to the interpretation of gas mixing (ion mixing) effect in the ECR ion source", Phys. Scripta, T73, 384-386 (1997).

22. R.Geller, B.Jacquot, "The multiply charged ion source Minimafios", Phys. Scripta, T3, 19-26 (1983).

23. H.Koivisto, J.Ärje, R.Seppälä, M.Nurmia, "Production of titanium ion beams in an ECR ion source", Nucl. Instr. Meth. B, 187, 111-116 (2002).

24. H.Koivisto, J.Ärje, H.Nurmia, "Metal ion beams from an ECR ion source using volatile compounds", Nucl. Instr. Meth. B, 94, 291-296 (1994).

25. Koivisto H et al., In Proc. of the 13th Int. Workshop on Electron Cyclotr. Res. Ion Source (February 26-28, TAMU, College Station,1997) p. 167.

26. T.Nakagawa, J.Ärje, Y.Miyazawa, M.Hemmi, T.Chiba, N.Inabe, M.Kase, T.Kageyama, O.Kamigaito, M.Kidera, A.Goto, Y.Yano, "Production of intense beams of highly charged metallic ions from RIKEN 18 GHz electron cyclotron resonance ion source", Rev. Scien. Instrum., 69, 637-639 (1998).

27. Б.Гавин, "Ионные PIG-источники", в кн. Физика и технология источников ионов (ред. Я.Браун), Мир, Москва, 180-201 (1998).

28. E.D.Donets, "The electron beam method of production of highly charged ions and its applications", Phys. Scripta, T3, 11-18 (1983).

29. J.D.Gillaspy, "Highly charged ions", J. Phys. B 34 R93 (2001), http://stacks.iop.org/JPhysB/34/R93

30. http://physics.nist.gov/MajResFac/EBIT/main.html

31. R.E.Marrs, S.R.Elliott, D.A.Knapp, "Production and trapping hydrogenlike and bare uranium ions in an electron beam ion trap", Phys. Rev. Lett., 72, 4082-4085 (1994).

32. I.G.Brown, J.E.Galvin, R.A.MacGill, R.T.Wright, **"Miniature high current metal ion source"**, Appl. Phys. Lett., 49, 1019-1021 (1986).

33. Я.Браун, "Ионный источник с вакуумной дугой в парах металла", в кн. Физика и технология источников ионов (ред. Я.Браун), Мир, Москва, 358-381 (1998).

34. Б.М.Смирнов, "Генерация кластерных пучков", УФН, 173, 609-648 (2003).

35. Б.М.Смирнов, "Кластерная плазма", УФН, 170, 495-534 (2000).

36. Ю.И.Петров, Кластеры и малые частицы, Наука, Москва, 1986.

37. Г.Н. Макаров, Экстремальные процессы в кластерах при столкновении с твердой поверхностью, УФН, т. 176, № 2, 2006, 121 – 172.

38. Сидоров Л.Н., Коробов М.В., Журавлева Л.В. Масс-спектральные термодинамические исследования, М.: Изд-во Моск. Ун-та, 1985. – 208с.

39. А.А.Полякова, Молекулярный масс-спектральный анализ органических соединений, Химия, Москва, 1983.

40. Н.Н.Туницкий, Р.М.Смирнова, М.В.Тихомиров, "О "дробных" пиках в масс-спектре водорода", ДАН СССР, 101, 1083-1084 (1955).

41. Б.А.Калинин, В.Е.Атанов, О.Е.Александров, "Метастабильные ионы в масс-спектре гексафторида урана", ЖТФ, 72, 135-137 (2002).

42. Clasters of atoms and molecules, (Ed. H.Haberland), Springer, Berlin, 1994.

43. J.Jin, H.Khemliche, M.H.Prior, Z.Xie, "New highly charged fullerene ions: Production and fragmentation by slow ion impact", Phys. Rev. A, 53, 615-618 (1996).

44. S.Schütte, U.Buck, "Strong fragmentation of large gas clusters by high energy electron impact", Int. J. Mass Spectrom., 220, 183-192 (2002).

45. K.Sattler, J.Mühlbach, O.Echt, P.Pfau, E.Recknagel, "Evidence for Coulomb Explosion of Doubly Charged Microclusters", Phys. Rev. Lett., 47, 160-163 (1981).

46. P.Scheier, G.Walder, A.Stamatovic, T.D.Märk, **"Critical appearance size of doubly charged Xe clusters revisited",** J. Chem. Phys., 90, 4091-4094 (1989).

47. Б.М.Смирнов, "Свойства кластерной плазмы", ТВТ, 34, 512-518 (1996).

48. Б.М.Смирнов, "Процессы в кластерной плазме и кластерных пучках", Письма в ЖЭТФ, 68, 741-746 (1998).

49. В. Хофер, "Распределения распыленных частиц по углам, энергиям и массам", в кн. Распыление под действием бомбардировки частицами. Выпуск III., (ред. Р Бериш, К Виттмак), Мир, Москва, 87 – 136 (1998).

50. В.И.Матвеев, "Распределения кластеров по зарядам и размерам при ионном распылении металла", ЖТФ, 72, 115-119 (2002).

51. И.В.Веревкин, С.В.Верхотуров, А.М.Гольденберг, Н.Х.Джемилев, "Исследование спектров энергий распада рыспыленных кластерных ионов", Изв. АН Сер. физ., 58 57-61 (1994).

52. И.А.Войцеховский, М.В.Медведева, В.Х.Ферлегер, "Ионизация и фрагментация кластеров, распыленных с поверхности металла ускоренными ионами", ЖТФ, 67, 1-5 (1997).

53. С.Ф.Белых, В.И.Матвеев, У.Х.Расулев, А.В.Самарцев, И.В.Веревкин, "Эффект аномально высокой неаддитивности распыления металла в виде многоатомных кластерных ионов при бомбардировке молекулярными частицами", Изв. АН, Сер. физ., 62, 813-820 (1998).

54. Б.М.Смирнов, "Процессы в плазме и газах с участием кластеров", УФН, 167, 1169-1200 (1997).

55. Б.М.Смирнов, Комплексные ионы, Наука, Москва, 1983.

56. R.N.Varney, Phys. Rev., "Equilibrium Constant and Rates for the Reversible Reaction $N_4^+ \rightarrow N_2^+ + N_2$", 174, 165-172 (1968).

57. Э.И.Асиновский, А.В.Кириллин, А.А.Раговец, Криогенные разряды, Энергоатомиздат, Москва, 1988.

58. R.A.Gerber, M.A.Gusinow, "Helium ions at 76 °K: their transport and formation properties", Phys. Rev. A, 4, 2027-2033 (1971).

59. C.Lüder, E.Georgiou, M.Velegrakis, "Stadies on the production and stability of large C_N^+ and $M_x^+R_N$ (M = C, Si, Ge and R = Ar, Kr) clusters, Int. J. Mass Spectrom. Ion Proc., 153, 129-138 (1996).

60. I.H.Hiller, M.F.Guest, A.Ding, J.Karlau, J.Weise, **"The potential energy curves of ArC$^+$"**, J. Chem. Phys., 70, 864-869 (1979).

61. N.F.Zahran, A.I.Helal, M.A.Amr, A.Abdel-Hafiez, H.T.Mohsen, "Formation of polyatomic ions from the skimmer cone in the inductively coupled plasma mass spectrometry", Int. J. Mass Spectrom., 226, 271-278 (2003).

62. Л.И.Курлапов, "Кластерная модель газа", ЖТФ, 73, 51-55 (2003).

63. Л.И. Курлапов, "Мезоскопия кластерных газов". Стр. 136 – 139, , ЖТФ, 2005, т.75, вып.7.

64. M.Drewsen, I.Jensen, J.Lindballe, N.Nissen, R.Martinussen, A.Mortensen, P.Staanum, D.Voigt, "Ion Coulomb crystals: a tool for studying ion processes", Int. J. Mass Spectrom., 229, 83-91 (2003).

65. Н.А.Капцов, Электрические явления в газах и вакууме, Гостехтеорлит, Москва, 1950.

66. А.Холмс, "Транспортировка пучка", в кн. Физика и технология источников ионов (ред. Я.Браун), Мир, Москва, 68-117 (1998).

67. J.M.McCrea, "Intensity distribution in charge-exchange continua formed in a spectrometer", Int. J. Mass Spectrom. Ion Phys., 5, 381-386 (1970).

68. М.Месси, Отрицательные ионы, Мир, Москва,1979.

69. В.П.Ковалев, Эффективный заряд иона, Энергоатомиздат, Москва, 1991.

70. N.Claytor, B.Feinberg, H.Gould, C.E.Bemis, Jr., J.G.del Campo, C.A.Ludemann, C.R.Vane, "Electron impact ionization of U^{88+} - U^{91+}", Phys. Rev. Lett., 61, 2081-2084 (1988).

71. M.Guilhaus, A.G.Brenton, J.H.Beynon, M.Rabrenović, P von R.Schleyer, "First observation of He_2^{2+}: charge stripping of He_2^+ using a double-focusing mass spectrometer", J. Phys. B, 17, L605-L610 (1984).

72. А.В.Бакалдин, С.А.Воронов, С.В.Колдашов, В.П.Шевелько, "Обдирка быстрых ионов кислорода при столкновениях с атомами легких элементов", ЖТФ, 70, 17-23 (2000).

73. C.J.Porter, C.J.Proctor, T.Ast, J.H.Beynon, "Charge-stripping spectra of monatomic ions", Int. J. Mass Spectrom. Ion Phys., 41, 265-276 (1982).

74. К.Долдер, "Измерение сечений неупругих электрон-ионных и ион-ионных столкновений", в кн. Физика ион-ионных и электрон-ионных столкновений (ред. Ф.Брауэр, Дж.Мак-Гоуэн), Мир, Москва, 267 (1986).

75. R.Keller, "Multicharged ion production with MUCIS", GSI Scientific rep., Darmstadt, 385-387 (1987).

76. D. Jacquet, Y. Le Beyec, Cluster impact on solids, Nucl. Instrum. Meth. B 193 (2002) Pages 227-239.

77. Billebaud, D. Dauvergne, M. Fallavier, R. Kirsch, J. -C. Poizat, J. Remillieux, H. Rothard, J. -P. Thomas. Secondary electron emission from thin carbon foils under hydrogen cluster impact. Nucl. Instrum. Meth. B 112 (1996) Pages 79 - 82.

78. M. Fallavier, Secondary electron emission of solids by impact of molecular ions and clastres, Nucl. Instrum. Meth. B 112 (1994).

79. Г.Н. Макаров, Кластерная температура. Методы ее измерения и стабилизации, УФН, Т.178, № 4, 2008, 337-376.

80. R.W.Hasse, M.Steck, "Ordered ion beams", Proceedings of EPAC 2000, Vienna, (Austria), p. 274-276.

81. E.N.Dementev, N.S.Dikansky, A.S.Medvedko, V.V.Parhomchuk, D.V.Pestrrikov, Sov. Phys. Tech. Phys., 25, 1001-1009 (1980).

82. J.P.Shiffer, P.Kienle, Z. Phys. A, 321, 181-186 (1985).

83. In Proc. Workshop on Crystalline Ion Beams (Eds. R.W.Hasse, I.Hofmann, D.Liesen), GSI-Report GSI89-10, Darmstadt, (1989).

84. Шатов В.В. Роль фрагментации кластеров в масс-спектрометрии многозарядных ионов. ДНА, в этом выпуске.

85. Е.В.Аглицкий, В.В.Вихров, А.В.Гулов, и др. Спектроскопия многозарядных ионов в горячей плазме, Наука, Москва,1991.

86. T.Ogawa, H.Tomura, K.Nakashima, H,Kawazumi, "Translational energy distribution and asymmetry parameter of the excited hydrogen atom produced en e-C_2H_2 collisions: Dissociation dynamics of acetylene", J. Chem. Phys., 88, 4263-4267 (1988).

87. M.Vedel, J.Rocher, M.Knoop, F.Vedel, "Kinetic energy of an N^+ ion cloud throughout the stability diagram", Int. J. Mass Spectrom. Ion Proc., 190/191, 37-45 (1999).

88. E.S.Wisnievski, J.R.Stairs, A.W.Castleman, Jr., "A new time-of-flight gaiting method for analyzing kinetic energy release in Coulomb exploded clusters: applications to water clusters", Int. J. Mass Spectrom., 212, 273-286 (2001).

Серия: ФИЗИКА И АСТРОНОМИЯ

Шатов В.В.

Роль фрагментации кластеров в масс-спектрометрии многозарядных ионов

Аннотация

На основании анализа экспериментального материала доказано присутствие кластеров во всех источниках ионов, использующих для ионизации вещества энергию электронного удара, лазера, искры, дуги, индуктивно связанной плазмы, тлеющего разряда. Рассмотрены процессы кластерообразования в источниках многократно заряженных ионов: на электронном циклотронном резонансе, в источнике с электронным пучком, в ловушке с электронным пучком, в сторожевом кольце тяжелых ионов. Представлены доказательства изменения состава пучков ионов при их формировании, транспортировке, перезарядке и обдирке на мишенях.

Фрагментация кластеров в ионных источниках и за их пределами дает вклад в сигналы ионов, что серьезно осложняет постановку экспериментов с многократно заряженными ионами и интерпретацию результатов. Анализ способов различения многозарядных и фрагментарных ионов позволяет судить о сложности идентификации.

Предложен способ масс-спектрометрической проверки модели строения атома.

Оглавление

1. Введение

В атомной физике многократно заряженные ионы (МЗИ) являются как объектом, так и инструментом исследования. На первых этапах получения и изучения МЗИ главным практическим интересом была возможность контроля реакций термоядерного синтеза и деления, а также упрощение и удешевление оборудования для ускорения тяжелых ионов до высоких энергий. Бурное развитие нанотехнологий привело к использованию МЗИ в материаловедении [1].

Надежность идентификации МЗИ осложнена кластерообразованием и фрагментацией в источниках ионов (ИИ) и за их пределами, в ионных пучках. Присутствие кластерных ионов в пучках МЗИ приводит к тому, что пучок, вытянутый из ИИ, изначально состоит из набора частиц, и МЗИ вводятся в ускорители совместно с фрагментами кластеров, а многочисленные операции с пучками ионов (транспортировка, фокусировка, ускорение, банчировка, охлаждение, перезарядка, обдирка) приводят к дальнейшему изменению состава пучков.

Спектроскопия МЗИ – предмет интереса как чистой физики (при изучении структуры атома точное измерение уровней энергии МЗИ обеспечивает проверку теории строения атома), так и прикладной науки (диагностика плазмы и развитие рентгеновской спектроскопии). Атомные времена жизни МЗИ измеряют в ионных ловушках разных типов: электростатической (Киндона), магнитной (Пенинга), радиочастотной (Пауля), ионной ловушке с электронным пучком (EBIT) [2]. Для определения параметров излучения также применяют сторожевые кольца тяжелых ионов [2] и beam-foil-спектроскопию [2, 3].

Из фактов, показывающих, что спектральные линии МЗИ имеют значительную ширину [1], кластеры могут давать узкие полосы фотонной эмиссии [4], а спектры испускания молекул инертных газов иногда ошибочно приписывают атомам [5], следует важность знания состава излучающих систем: каким именно частицам принадлежат измеренные оптические характеристики и спектральные линии.

От полноты учета состава ускоряемых частиц зависит и цена научного исследования, а именно: корректность постановки эксперимента (при значительных материальных затратах на термоядерный синтез и эксплуатацию ускорительных комплексов) – с одной стороны, правильность интерпретации получаемых экспериментальных данных – с другой.

Задача работы: представить доказательства образования кластеров при производстве МЗИ и операциях с ними, рассмотреть роль фрагментации кластеров при работе с ионными пучками. Внимание при этом акцентируется на необходимости учета вклада от фрагментарных ионов в сигналы МЗИ в случаях, где это не всегда ожидается. Например: при ионизации газов не предполагается образование и распад моноизотопных кластеров, могущих давать наложения на сигналы ионов с высокими кратностями заряда; также неожиданным может оказаться наличие таких наложений в линейной времяпролетной масс-спектрометрии.

Для сравнения условий генерации плазмы в ИИ с условиями образования и существования кластеров в статье кратко рассмотрены способы производства ионов и кластеров. Также рассмотрены способы различения фрагментарных и многозарядных ионов, обсуждаются некоторые трудности масс-спектрометрического эксперимента (помимо кластерообразования и фрагментации).

Масс-спектрометрия успешно справилась с точным определением массы атома, и с ее помощью можно проверить модель его строения. В современной модели атома постулируется равенство количества орбитальных электронов заряду атомного ядра. Подтверждением дискретности электронов в атоме является существование МЗИ в плазме. Идея проверки заключается в масс-спектрометрическом определении зарядов голых ядер (из соотношения массы иона к заряду), после полного удаления всех электронов, окружающих ядра, и в сравнении их с порядковыми номерами соответствующих элементов, благо есть устройства, позволяющие получать пучки голых ядер [1, 6, 7]. В случае соответствия зарядов ядер их порядковым номерам в периодической системе элементов, эксперимент внесет свой вклад в подтверждение состоятельности современной модели атома.

1. Способы производства многократно заряженных ионов

В данной статье к многозарядным ионам отнесены частицы (атомы, молекулы, кластеры, фуллерены) с кратностью заряда более единицы. МЗИ получают в специальных устройствах – источниках ионов, из которых ионы вытягиваются и формируются в виде пучков. После того, как пучок сформирован в ИИ и выделен в определенном зарядовом состоянии отклоняющим магнитом (или другим образом), он подается в ускоритель, ионную ловушку, сторожевое кольцо или на мишень. Рассмотрение ИИ – источников плазмы – ограничено теми физическими принципами и явлениями, лежащими в основе их действия, которые одновременно с образованием МЗИ приводят к появлению кластеров. Состояние в физике и технологии основных источников ионов подробно изложено в коллективной монографии [6].

В масс-спектрометрии применяют ИИ, использующие воздействие на вещество энергии лазера, искры, дуги, индуктивно связанной плазмы, тлеющего разряда [6, 8 – 11]. Для получения пучков МЗИ в ускорителях и экспериментах по атомной физике широко применяются ИИ на электронном циклотронном резонансе, ECR (Electron Cyclotron Resonance) [12 – 18], ИИ PIG-типа (Penning Ionization Gauge) [19], ИИ с электронным пучком EBIS (Electron Beam Ion Source) [20], ионные ловушки с электронным пучком, EBIT (Electron Beam Ion Trap) [1, 2, 7, 21 – 23] и др.

2.1 Ионные источники на электронном циклотронном резонансе

Конструкции ECR источников хорошо известны, однако, далеко не изучены все физические явления, лежащие в основе действия этих ИИ [12]. МЗИ в источниках ECR появляются главным образом в результате ступенчатой ионизации, обусловленной ударами высокоэнергичных электронов. Для удержания плазмы используют специальную конфигурацию магнитного поля. Использование ECR-нагрева оставляет ионы холодными (порядка 1 эВ), селективно нагревая электроны вводимой в плазму электромагнитной волной с частотой равной циклотронной частоте электронов в магнитном поле. Ионизация в источнике ECR разделена на две ступени. Первая ступень – инжектор плазмы – это источник холодной плазмы, действующий при повышенном давлении. Поток плазмы, управляемый градиентом плотности, из первой части распространяется по линиям магнитного поля во вторую ступень. Из опыта известно, что градиент магнитного поля слабо влияет на поток холодной плазмы. Это объясняется огромным числом столкновений в плазме первой ступени. Высокая температура электронов (1 – 10 кэВ) и относительно низкое давление нейтрального газа в плазме второй ступени источника (6,7 · 10^{-5} – 6,7 · 10^{-4} Па) дают высокие концентрации МЗИ. Потери МЗИ определяются в основном перезарядкой с нейтральными атомами в плазме и потерями при удержании. Условием работы ECR-источника с газами тяжелее кислорода является использование смеси газов. Использование буферного газа для кислорода увеличивает выход его ионов с высокой кратностью заряда [13]. ECR-источники применяются, в том числе, для ввода в ионные ловушки при изучении оптических параметров ионов [2].

2.1.1 Получение ионов металлов в источниках ECR

К ECR-источникам, позволяющим ионизировать не только газы, относится Minimafios [14]. В его работе можно выделить следующие стадии процесса образования МЗИ: испарение металла внутри источника ионов, осаждение испаренных атомов на стенках второй ступени ионизации, распыление пленки с поверхности (или повторное испарение термическим действием), ионизация испаренных атомов электронами плазмы. Для получения высокого вакуума в Minimafios есть криогенный насос.

Прямое введение металла изучали на источнике CAPRICE для широкого набора материалов: от алюминия до золота [12]. Испаряемый плазмой стержень размещался вблизи ECR-поверхности, а в качестве плазмообразующего газа подавался азот или кислород.

2.1.2 Получение металлических ионов из летучих соединений

Методом газоподобного производства металлических ионных пучков, MIVOC (Metal Ions from Volatile Compounds) получены пучки МЗИ различных элементов, например: Ti, Fe, Ni, W, Os, [15 – 18]. В состав, используемых в данном методе веществ, помимо металлических атомов, могут входить углерод, водород, кислород, галогены и др. Высокое давление паров летучих соединений, при сравнительно низкой температуре, позволяет обращаться с ними, как с газами.

2.2 Ионный источник с электронным пучком

Работа ИИ с электронным пучком, EBIS (Electron Beam Ion Source), впервые предложенного Е. Д. Донцом [20], включает следующие стадии: получение протяженного электронного пучка с заданной энергией и плотностью; создание электростатической ионной ловушки по всей длине пучка; ввод в ловушку и удержание в течение требуемого периода ионов рабочего вещества в низком зарядовом состоянии; извлечение МЗИ из ловушки по всей длине пучка и подготовка к следующему циклу. Первичные ионы в EBIS производятся либо из атомов рабочего вещества прямо в ловушке посредством электронного удара, либо импульсной инжекцией в электронный пучок источника EBIS пучка малозарядных ионов рабочего вещества [24]. Отличие между EBIS и другими источниками МЗИ в том, что в ходе процесса ионизации ионы с низкими зарядовыми состояниями полностью исчезают, преобразуясь в ионы с высокими зарядовыми состояниями. Удержание ионов ограничивается поперечной диффузией. Главный недостаток EBIS – это низкая интенсивность пучка МЗИ в импульсе, эквивалентная примерно10^{11} элементарным положительным зарядам для ионов малой и промежуточной масс, а для тяжелых ионов эта величина приблизительно на порядок меньше.

2.3 Ионная ловушка с электронным пучком EBIT

В EBIT, используя принципы EBIS, получают ионы с высокими кратностями заряда и голые ядра. Также как и ИИ типа EBIS, ловушки EBIT подразделяются на "криогенные" [1, 7, 21, 22] и "теплые" [23]. Работу "криогенного" источника EBIT рассмотрим на примере получения водородоподобных и полностью ободранных ионов урана: U^{91+} и U^{92+} [7]. В источнике EBIT электронный пучок, сжатый магнитным полем 3 Т, распространяется вдоль оси ловушки. Аппаратура работает при температуре 4 К, дрейфовая трубка охлаждается через контакт со сверхпроводящим магнитом. Средняя плотность тока электронного пучка соответствует 5000 А/см^2 при радиусе пучка 35 мкм. Положительные ионы удерживаются в электронном пучке его пространственным зарядом и подходящим распределением электрического поля вдоль ловушки. Для длительного удержания ионов урана используется техника испарительного ион-ионного охлаждения. При этом колимированный пучок атомов неона с контролируемой плотностью пересекает электронный пучок перпендикулярно к нему; часть атомов неона (~ 0,2%) захватывается после ионизации, нагревается, преимущественно столкновениями с ионами урана, и достигает высокого среднего зарядового состояния до аксиального выхода из ловушки, унося ~ 300 эВ на ион. Малозарядными ионами урана ловушка первоначально заполняется инжекцией из источника с вакуумной искрой [25].

В отличие от "крио" ИИ, в "теплых" источниках EBIT магнитное поле создается мощными постоянными магнитами [23], устройство откачивается турбомолекулярным насосом, рабочие газы подаются через два отдельных высокочувствительных клапана-натекателя.

Ловушки EBIT используются как для получения многозарядных ионов [1, 2, 7, 21 – 23] (схема NIST EBIT доступна на сайте [22]), так и для изучения спектров атомов (рентгеновских или оптических) [2, 26, 27]. МЗИ могут извлекаться из EBIT, анализироваться и/или доставляться к специальным устройствам.

2.4 Ионный PIG-источник

ИИ PIG-типа широко используются в инжекторах для ускорителей частиц: циклотронах, синхротронах и линейных ускорителях [19]. Этот тип источников долгое время применялся для получения МЗИ газов, но теперь они все чаще используются для производства ионов металлов. Его рабочая камера находится в магнитном поле, которое служит также для разделения заряженных частиц. Характеристики плазмы определяются в основном давлением нейтрального рабочего газа. Давление в разряде Пеннинга высокого давления составляет более 0,1 Па. МЗИ в PIG-источниках образуются в результате ступенчатой ионизации электронами, а окончательное зарядовое состояние ионов зависит от времени их присутствия в области ионизации и характеристик электронного пучка. Напряжение, которое может превышать 700 В, прикладывается к дуге между анодом и катодом, ускоряя электроны. В результате бомбардировки высокоэнергичными ионами катоды расходуются. Ионные токи МЗИ (до миллиампер) могут быть вытянуты из плазмы, как в радиальном, так и в осевом направлении через небольшое центральное отверстие в одном из катодов. При обычном, радиальном, вытягивании ионов время их удержания ограничивается поперечной диффузией через осевое магнитное поле, которое происходит с аномально большой скоростью. Интересно, что пучок МЗИ получается лучше, когда один край щели вытягивающего электрода прикрывает часть вытягиваемого пучка.

2.5 Лазерный источник ионов

Лазерная плазма является импульсным эмиттером одно- и многократно ионизованных атомов, полиатомных и отрицательно заряженных ионов, нейтральных атомов с малой и большой энергией [9]. Ионные составы лазерной плазмы на поздних стадиях ее разлета и в момент ее образования значительно различаются. После окончания процесса рекомбинации в плазме регистрируется максимальное количество однозарядных ионов, а количество МЗИ монотонно снижается с ростом кратности заряда. С увеличением плотности потока лазерного излучения возрастает доля МЗИ и максимальная кратность заряда.

При воздействии мощного оптического излучения на кластеры имеется сходство с расширением в вакуум твердотельной плазмы, нагретой лазером. В работе [28] отмечается, что при взрыве кластеров, состоящих из сотен, тысяч атомов, после воздействия сверхсильного лазерного импульса образуются ионы с большими энергиями и зарядами. Напротив, при кулоновском взрыве малых молекул и малых кластеров в сильных лазерных полях возникают ионы с небольшими энергиями и зарядами. Взрыв кластеров усиливается после их облучения последовательно двумя лазерными импульсами высокой интенсивности. Атомарные МЗИ, образованные кулоновским взрывом, при дальнейшем взаимодействии с полем лазерного излучения теряют основные электроны и их заряд увеличивается. Это подобно получению МЗИ методом многофотонной ионизации [29]. Для любой частоты лазерного излучения (в диапазоне от ближнего инфракрасного до ближнего ультрафиолетового), при многофотонной ионизации атомов, имеющих несколько электронов во внешней оболочке, всегда помимо однозарядных ионов, образуются и МЗИ. Единственно, что необходимо – интенсивность излучения должна превышать пороговую для образования ионов с данной кратностью заряда. Из экспериментов также установлены две закономерности, типичные для процесса образования МЗИ [29]: 1 – при образовании ионов A^{q+} всегда при меньшей интенсивности излучения наблюдаются ионы $A^{(q-1)+}$; 2 – ионы с зарядом A^{q+} образуются в таком интервале интенсивностей излучения, в котором полная вероятность (за импульс излучения) образования ионов с зарядом $(q-1)^+$ велика и близка к насыщению.

2.6 Ионные источники с вакуумной дугой или искрой

Давление в вакуумной дуге около поверхности твердого тела очень высокое, и его градиент заставляет плазму, образованную в катодном пятне, распространяться от поверхности. Из плазменной струи через отверстие в аноде вытягивается ионный пучок, состоящий из вещества катода.

Вакуумная дуга в парах металла, MEVVA (Metal Vapor Vacuum Arc), возникает в ИИ дугового типа и является плазменным разрядом в вакууме между двумя металлическими электродами [30]. Физика механизма возникновения дуги не совсем понятна. Давление должно быть не выше 10^{-2} Па, а обычным является давление ~10^{-4} Па. На источнике MEVVA работали почти со всеми металлами [31]. Ионы, образующиеся с кратностью заряда до $q = +5$ и средним зарядовым состоянием от 2 до 3, могут быть инжектированы в другие ИИ для повышения их зарядности [26, 32]. Вакуумный разряд является эффективным источником МЗИ, однако в [33] отмечен неожиданный результат: генерирование чистых пучков однозарядных ионов из вакуумной дуги с сеточным управлением в импульсном дуговом источнике ионов, и отсутствие МЗИ на выходе вытягивающих систем.

Искровые ИИ также являются эффективными источниками МЗИ. Характерным для вакуумной искры является субмикросекундная длительность импульса и образование сильноионизированных частиц электродного материала [8, 25, 34]. Пучки ускоренных МЗИ материала катода генерируются плазменной струей вакуумного разряда [35].

2.7 Ионный источник с тлеющим разрядом

Тлеющий разряд – это вид плазмы, которая образуется в ячейке, заполненной газом (обычно аргоном) при низком (порядка 100 Па) давлении. Катод и анод вставлены в ячейку, или же они являются ее стенками. Между этими двумя электродами, прикладывается разность потенциалов 500 – 1500 В, в результате чего газ ионизируется. Положительные ионы ускоряются по направлению к катоду и выбивают из него электроны, которые, попадая в тлеющий разряд, увеличивают количество столкновений и тем самым дополнительно ионизируют газ. Ионы, ускоренные разностью потенциалов между электродами, распыляют катод. Частицы, выбитые из катода, попадают в плазму тлеющего разряда и ионизируются. Затем, как и в других ИИ, ионы вытягиваются и формируются в ионный пучок [36].

2.8 Ионизация ионами

Распыление ионами деталей ИИ (и пленок) вносит вклад в состав извлекаемых пучков. При вторичной ионной эмиссии могут быть выбиты как отрицательные, так и положительные ионы. В пучках вторичных ионов могут присутствовать МЗИ, ионы соединений и кластерные ионы. Количество МЗИ растет с энергией бомбардирующих частиц [37].

Быстрые МЗИ являются чрезвычайно эффективными при удалении электронов из атомов или молекул [38]. Для инертных газов найдены довольно значительные сечения ионизации в данных процессах [39 – 42], а при столкновении ионов аргона Ar^{12+} (с энергией 1,05 МэВ/а.е.м.) с молекулами йода, наблюдались ионы йода с кратностью заряда до I^{17+}. Предполагается даже, что были получены МЗИ молекул йода: I_2^{33+}, I_2^{34+}, I_2^{35+} [43].

2.9 Ионизация ионов электронами

Сечения ионизации часто определяют методом пересекающихся пучков [44]. Для прохождения процесса по схеме:

$e + A^+ \rightarrow A^{2+} + 2e$

необходимо, прежде всего, создать строго параллельный моноэнергетический пучок ионов A^+, используемый в качестве мишени для электронного пучка. Для этого используется ИИ с электростатическими линзами и дефлектором, позволяющими сформировать и сфокусировать пучок, прежде чем он попадет в первое магнитное поле, которое осуществляет монокинетизацию пучка. Пара коллимирующих щелей формирует пучок ионов A^+, который затем пересекается с электронным пучком, выходящим из электронной пушки. Только малая часть (порядка 10^{-8}) ионов A^+ ионизируется электронным ударом до зарядового состояния A^{2+}. Базы данных по экспериментальному определению сечений ионизации МЗИ электронным ударом представлены в работе [45].

2.10 Ионизация методом обдирки на мишенях

Для получения МЗИ в ускорителях широко используют обдирку на газовых мишенях или фольге [3, 46 – 50]. Отличие обдирки от ионизации электронным ударом заключается в том, что в первом случае используют быстрые ионы и холодные электроны мишени, а во втором, наоборот, – холодные ионы и быстрые электроны.

3. Способы получения кластеров

Кластер – это система связанных атомов или молекул, и, как физический объект, он занимает промежуточное положение между молекулами – с одной стороны, и конденсированными системами – с другой. В данной работе под кластерами понимают нейтральные или заряженные частицы, состоящие из двух и более атомов.

Кластеры металлов, углерода и других тугоплавких элементов отличаются сильной связью (1 – 10 эВ) от слабосвязанных ($\sim 0{,}05 – 0{,}9$ эВ) ван-дер-ваальсовых кластеров и не разрушаются при сильном возбуждении, когда энергия, приходящаяся на один атом кластера, составляет ≥ 1 эВ [51]. В большинстве методов получения сильносвязанных кластеров (лазерный метод, метод распыления, импульсные разряды) формирующиеся кластеры, если они не охлаждены столкновениями с буферным газом, являются горячими. При дополнительном возбуждении кластеров интенсивным лазерным излучением, электронным ударом, энергичными ионами, столкновением с твердой мишенью, они переходят в высоковозбужденное состояние [52]. Фундаментальные и прикладные проблемы кластеров переплетаются друг с другом и подробно рассмотрены в [51 – 58].

3.1 Плазменные способы получения кластеров

Слабоионизированная плазма содержит кластерные ионы в заметных количествах [53]. Однако плазменный метод генерации больше подходит для кластеров с высокой энергией связи атомов, т.к. высокая температура плазмы и присутствие в ней энергичных атомных частиц ведет к разрушению непрочных образований.

3.1.1 Распыление жидкостей до мелких капель или аэрозолей в плазму

При получении кластеров методом распыления, капли, состоящие из металлсодержащих молекул, вводятся в плотный буферный газ и быстро нагреваются, что ведет к их превращению в пар, разложению молекул с образованием металлических атомов и объединению металлических атомов в кластеры [55]. Для разрушения введенных в плазму металлсодержащих молекул газу необходимо сообщить заметную удельную энергию, и этот процесс сопровождается охлаждением буферного газа.

3.1.2 Дуговой разряд

Положительный столб дугового разряда высокого давления удобно использовать в качестве плазменной среды для производства кластеров [56]. Металл может быть введен в дуговую плазму в виде металлосодержащих молекул, например, галогенидов жаропрочных металлов: TiF_4, $TiCl_4$, $TiBr_4$, ZrF_4, $ZrCl_4$, $ZrBr_4$, MoF_6, WCl_6, WBr_6, IrF_6, UF_6. Соединения металла и его пар разделяются по сечению разряда (в силу высоких градиентов температуры), а, благодаря высокой плотности буферного газа, процессы переноса оказываются слабыми, что предотвращает перемешивание разных компонент металла. Процесс регенерации идет в более холодной области, у стенок. Для существования металлических кластеров в газоразрядной плазме требуется плотный буферный газ, отводящий лишнее тепло и способствующий росту кластеров [57].

В случае получения кластеров непосредственно из жаропрочного металла можно применить другую схему [57]. В разрядной трубке в свободном пространстве за анодом, куда заряженные частицы не проникают, содержится нейтральный аргон при том же давлении и температуре, что и в остальной части трубки. В заанодной области металлический вольфрам нагревается до температуры 4500 К и создается поток испаренных атомов вольфрама, которые остывают при столкновениях с атомами аргона и объединяются в кластеры.

3.1.3 Искра

Было установлено [59], что в вакуумном искровом разряде помимо ионного потока часть металла уходит с катода в виде микрочастиц, и параметры капельной фракции сравнимы с таковыми для вакуумной дуги. Из искровой масс-спектрометрии известно об образовании в высокочастотной искре многочисленных молекулярных анионов [8]. Например, при использовании графитовых электродов обнаружены отрицательные кластеры углерода вплоть до C_{33}^-, также были обнаружены кластерные катионы углерода вплоть до C_{34}^+ и кластерные ионы металлов: Be_{25}^+, Al_9^+, Fe_6^+ и др. В работе [9] отмечается, что в искровом разряде наибольшей способностью к образованию полиатомных ионов обладают элементы IV группы периодической системы.

3.1.4   Магнетронный и тлеющий разряды

Магнетронный разряд, обладая высокой эффективностью распыления катода, является хорошим методом генерации атомов в буферном газе. Метод был использован для получения кластерных пучков Ag, Al, Co, Cu, Mg, Mo, Si, Ti, со средним числом атомов в кластере в интервале 500 – 10000 [55].

Разряд с полым катодом – тлеющий разряд – характеризуется еще более высокой эффективностью распыления катода под действием ионного тока и также подходит для образования атомного пара, преобразующегося далее в кластеры [55].

3.2 Лазерная генерация кластеров

Для испарения и образования свободных атомов жаропрочных материалов используется лазерный пучок [60]. Далее пар вместе с буферным газом расширяется в вакуум, проходит через сопло и дает кластеры. В работе [61] отмечается, что именно так, при лазерном испарении углерода в камере, заполненной инертным газом, впервые наблюдалось образование фуллеренов. Однако присутствие буферного газа не обязательно, конденсация идет и в вакуумных условиях. Охлаждение происходит за счет изоэнтропийного расширения облака испаренного вещества, также для конденсации в вакууме нужна достаточная эффективность межмолекулярных столкновений. Процессы, в результате которых в газовой фазе при лазерном распылении появляются большие кластеры и макромолекулы, до конца не понятны.

При воздействии гигантских импульсов лазерного излучения (порядка 10^{10} Вт/см^2) выход полиатомных ионов резко снижается с ростом числа атомов в образовании [9]. Для миллисекундных импульсов лазерного излучения отмечается различие в количестве молекул с четным и нечетным числом атомов. Количество многоатомных образований, испаряемых с поверхности облучаемого твердого тела, в этом случае коррелирует с энергией связи полиатомных молекул.

Лазерное распыление углерода, кремния, германия в атмосфере инертных газов (Ar, Kr, Xe) приводит к образованию смешанных кластеров [62]. Лазерным испарением получены (и идентифицированы методом времяпролетной масс-спектрометрии) метастабильные двухзарядные ионные комплексы металлов состава $M^{2+}(L)_N$, (где M: Mg, Co, Si, Ti; L: Ar, CO_2, H_2O) [63].

3.2 Ионное распыление твердых тел

Один из первых методов получения кластеров связан с бомбардировкой мишени ионами килоэлектронвольтных энергий (при этом получаются пучки небольших кластеров ограниченной интенсивности) [64]. В связи с тем, что эмиссия кластеров при взаимодействии высокоэнергетических частиц с твердым телом является одним из наименее понятных разделов физики, этому вопросу уделяется пристальное внимание [37, 65 – 68]. В работе [37] отмечается, что число атомов, связанных в заряженные кластеры, может составлять порядка 50% интенсивности эмиссии атомарных ионов, в то время как нейтральные частицы (а их подавляющее большинство в распыленном потоке) образуют незначительное число кластеров и, таким образом, определяют меньшую фракцию связанных атомов. Однако надежной информации об истинном распределении распыленных частиц по размерам нет ни для заряженных, ни для нейтральных кластеров. Возможно, это связано с приборными эффектами: сильной дискриминацией тяжелых частиц в масс-спектрометрах или вследствие распада менее стабильных кластеров при их прохождении через прибор (примерно за 10^{-4} с). Массовые распределения могут отражать распределения стабильности кластеров в большей степени, чем истинные составы распыленных частиц.

3.4 Криогенная плазма – источник кластерных ионов

Наряду с молекулярными ионами для криогенной плазмы характерно образование кластерных ионов. В работе [53] показано, что при комнатной температуре в азоте преобладающими положительными ионами являются N^+, N_2^+, N_3^+, N_4^+ и N_5^+. При понижении температуры появляются кластерные ионы до N_9^+ [69]. Значительная часть информации о свойствах криогенной плазмы получена из исследования послесвечения (распада) плазмы, созданной импульсным электрическим разрядом в газе, охлаждаемом до криогенных температур. Из масс-спектрометрических исследований криогенной гелиевой плазмы установлено [70], что уже при T = 300 K и давлении 10^3 Па в ней присутствуют ионы He_2^+. Понижение температуры приводит к увеличению содержания He_2^+ и к образованию He_3^+ и He_4^+. Их присутствие в небольших количествах обнаруживается уже при комнатной температуре, а при температуре жидкого азота He_3^+ является основным ионом [71].

3.5 Метод генерации кластерных пучков из газа или пара

Проходя через сопло, газ или пар расширяется, в результате этого его температура и плотность после сопла сильно уменьшаются. Если давление газа превысит давление насыщенного пара при данной температуре, то избыток газа может перейти в кластеры. Хотя метод генерации кластеров, основанный на свободном расширении газа, является довольно-таки простым, он реализуется в определенной области давлений газа и параметров его расширения. Возможность образования кластеров из атомов определяется значением эмпирического безразмерного параметра Хагена [55].

3.6 Агрегатный генератор кластеров

Последовательность получения кластеров в данном устройстве можно представить как образование первичных кластеров буферного газа (например, аргона) в результате расширения через малое отверстие; затем первичные кластеры, проходя через камеру, где испаряется материал будущих (вторичных) кластеров, захватывают испаряющиеся атомы, молекулы и образуют сложные кластеры; далее – распад составного кластера [55].

4. Превращения кластеров

4.1 Энергия связи в кластерах

Прочность кластеров – атомных ван-дер-ваальсовых, молекулярных, металлических и валентных фуллеренов – различна. Например, энергия связи C_{58}^+– C_2 в фуллерене равна 7,1 ± 0,4 эВ [72], тогда как оценка энергии связи для ван-дер-ваальсовых молекулярных кластеров азота $(N_2)_{50}^+$ дает порядка 0,24 эВ [73]. Энергии связи D_0 (энергия диссоциации) малых кластерных ионов Ar, CO, и N_2, полученные методом KER (Kenetic Energy Release) при их диссоциативной ионизации [74], равны: $D_0(Ar_2^+)$ = 1,29 эВ; $D_0(ArN_2^+)$ = 1,19 эВ; $D_0(ArCO^+)$ = 1,00 эВ; $D_0((N_2)_2^+)$ = 1,06 эВ. Энергия связи кластера $C_2O_2^+$ является близкой к энергии молекулярных ионов: $D_0(C_2O_2^+) = 1,80$ эВ. У металлических кластеров энергии диссоциации составляют: $D_0(^{90}Zr_2^+) = 4,18 \pm 0,01$; $D_0(Nb_2^+) = 5,94 \pm 0,01$, и $D_0(Nb^+_3-Nb) = 5,994 \pm 0,004$ эВ [75]. Энергия связи молекул кислорода в кластерных ионах, измеренная методом масс-спектроскопии высокого давления [76], для димера кислорода $(O_2)_2$ оказалась равной 0,39 эВ. Она значительно уменьшается для больших кластеров и достигает почти постоянной величины 0,08 эВ для частиц, содержащих более пяти молекул кислорода. В работе [77] для нечетных кластерных катионов кислорода (до O_5^+) энергия связи, определенная фотоионизацией молекул пучка, оказалась порядка 0,04 эВ, что меньше, чем у стехиометрических кластеров. В исследованиях одномолекулярной диссоциации нестехиометрических кластеров кислородных ионов O_N^+ (N = 5, 7, 9, 11) указывается на большую прочность ионных кластеров, чем нейтральных [78]. Это увеличение энергии связи повышает температуру кластерных ионов после ионизации и часто приводит к испарению сразу нескольких мономеров. Молекулярные мономеры могут подвергаться фрагментации, если получат достаточно энергии в процессе ионизации. Отмечается [79], что при энергии электронов 100 эВ также наблюдались пики с нечетным количеством атомов кислорода (их интенсивность значительно ниже, чем четных кластеров), тогда как при 17 эВ существовали только пики с четным количеством атомов кислорода. Интересно, что ионы O_5^+ распадаются исключительно на O_2^+ и O_3, в то время как все большие нечетные кластеры теряют молекулу кислорода.

О прочности кластеров инертных газов (Ar, Kr, Xe) говорит энергия электронов ($\leq$ 1,5 кэВ), используемая при изучении их фрагментации [100]. Для электронов с энергией много больше границы (70 эВ) малая часть избыточной энергии распределяется в кластерах, что приводит к испарению в основном мономеров. Но даже близко к границе существует значительная фрагментация, т.к. ионы, образуемые локализацией заряда, имеют большую энергию связи (~ 1 эВ). Похожие результаты были получены в работе [80] при электронной бомбардировке кластеров воды, $(H_2O)_N$, и аммиака, $(NH_3)_N$.

4.2. Фрагментация кластеров

Метастабильные пики хорошо известны всем, работающим в масс-спектрометрии [81 – 83]. Фрагментация кластеров после их взаимодействия с электронами или фотонами высоких энергий – также хорошо изученный предмет [75 - 80]. Механизмы фрагментации газовых кластеров и агрегатов из органических молекул подобны. Например, было показано [84], что двухзарядные кластеры бензола стабилизируются через распад и последовательное испарение нейтралов. С увеличением числа атомов в кластерах и подводимой энергии картина фрагментации значительно усложняется. Так, при распаде фуллерена C_{60} на два фрагмента (нейтральный и однозарядный) имеет место 966 466 комбинаций различных масс фрагментов [85].

Получение МЗИ связано с подводом значительной энергии к ионизируемой системе, что приводит к образованию метастабильных кластеров и молекул. Наиболее мешающими фрагментами, совпадающими в масс-спектрах с позициями МЗИ, являются дочерние ионы от моноядерных кластеров [86]. Если время жизни метастабильных ионов соизмеримо с временем их пролета в масс-спектрометре ($\sim 10^{-5}$ с), то часть родительских ионов A_N^+, состоящих из N атомов (или молекул) массы A, достигает коллектора без разложения, а часть распадается на пути от источника ионов к приемнику с образованием дочерних ионов A_X^+ и нейтральных частиц $A_{(N-X)}$ по схеме:

$$A_N^+ \rightarrow A_X^+ + A_{(N-X)} \tag{1}$$

Для моноядерных кластеров фрагменты A_X^+ дадут наложения на пики в масс-спектрах с кажущимися массами M^*,

$$M^* = A \cdot \frac{X^2}{N} \tag{2}$$

где: X – число атомов (или молекул) массы A во фрагменте A_X^+, отделившемся от кластера A_N. Наложение фрагментов A_X^+ от кластеров разной величины A_N^+, на сигналы ионов A^{q+} с зарядом q произойдет в случае выполнения равенства:

$$q = \frac{N}{X^2} \tag{3}$$

При фрагментации гетероядерной частицы, когда дочерний ион массы m образуется из иона с массой M [78], его кажущуюся массу M^* в масс-спектре можно определить по формуле:

$$M^* = \frac{m^2}{M} \tag{4}$$

Расшифровка масс-спектров значительно усложняется при возрастании кратности заряда родительских ионов и их фрагментов. Изучение сильной фрагментации больших газовых кластеров под действием электронов высоких энергий [79] указывает на необходимость учета вклада от МЗИ (в основном от дважды ионизированных частиц) в распределение кластеров по размерам [87, 88].

4.2.1 Трансляционная энергия фрагментов

Установлено, что уширение пиков в масс-спектрах появляется благодаря конверсии внутренней энергии родительских метастабильных ионов в сверхкинетическую энергию дочерних ионов и нейтральных частиц во время процесса распада [89]. Если реакция распада ионов происходит последовательно, то увеличение средней кинетической энергии ионов является результатом накопления кинетической энергии ионов за счет вклада, вносимого каждым отдельным процессом распада [90]. Согласно теоретическим предсказаниям Клотса [91], рассматривающего метастабильный распад как модель испаряющегося ансамбля, никакой ансамбль кластеров не может быть обозначен уникальным временем жизни благодаря тому факту, что скорости реакций не относятся к ионам, а являются причиной обычной области внутренних энергий после ионизации.

Помимо последовательного испарения частиц с кластера может иметь место интенсивная фрагментация в результате кулоновского взрыва – это когда кулоновский потенциал отталкивания между атомами кластера превращается в колоссальную кинетическую энергию осколков. Однако из расчетов следует, что взрыв большого кластера из атомов ксенона определяется газодинамической силой, а не кулоновским отталкиванием атомарных МЗИ [92]. При взрыве кластеров под воздействием сверхсильного лазерного импульса образуются ионы с энергиями и зарядами, зависящими от размеров кластеров-предшественников. Например, кулоновский взрыв кластеров ксенона приводит к энергии электронов до 3 кэВ, ионов до 1 МэВ и появлению МЗИ до Xe^{40+} [28].

Кулоновское отталкивание вносит дополнительный вклад в ширину пиков. И когда при распаде иона получаются два заряженных фрагмента, это приводит, в контрасте с реакцией испарения нейтральных частиц, к довольно широким пикам в спектрах кинетических энергий ионов, проанализированных по массе, MIKES (Mass Analyzed Ion Kinetic Energy Spectrum), а в центре пика может наблюдаться минимум вследствие дискриминации [93 – 95]. К примеру, авторы статьи [96], рассматривая самопроизвольную и индуцированную диссоциацию одно- и многозарядных фуллеренов, нашли, что энергия E, высвобождающаяся при распаде МЗИ фуллерена C_{60}^{7+} по схеме: $C_{60}^{7+} \rightarrow C_{58}^{6+} + C_2^{+}$, составляет 9,7 $\pm$ 2,2 эВ, что оказывается примерно в 20 раз больше, чем в случае испарения нейтрального фрагмента углерода C_2 из катионов фуллерена C_{60}^+ или из C_{60}^{2+} (E = 0,43 ± 0,05 эВ и E = 0,42 ± 0,05 эВ, соответственно). Трансляционную энергию для этих реакций рассчитывают из ширины пика по формуле, предложенной в работе [97]:

$$E = \frac{q_1^2 m_2^2 eV}{16 q_2 m_1 m_3} \cdot \left(\frac{\Delta V}{V}\right)^2 \qquad (5)$$

где: q_1 – заряд родительского иона; m_1 – масса родительского иона; q_2 – заряд дочернего, детектируемого иона; m_2 – масса дочернего, детектируемого иона; m_3 – масса недетектируемого фрагментарного иона; V – ускоряющее напряжение; ΔV – ширина метастабильного пика. Определение энергии диссоциации одно- и двукратнозаряженных фуллеренов по формуле (5) основано на измерении характеристик осколков, получаемых в результате фрагментации [98]. Однако эти данные могут быть искажены наложениями от метастабильных реакций в различных частях масс-спектрометра [99]. Следует также учитывать, что при синтезе фуллеренов лазерным испарением образуются кластерные ионы углерода [100].

Фрагментация кластеров в ИИ и за их пределами приводит к затруднениям в масс-спектрометрии МЗИ, поэтому далее рассмотрены способы учета этого явления.

5. Анализ способов экспериментального учета вклада фрагментарных ионов в масс-спектры МЗИ

Ориентиром присутствия осколочных ионов в пучках МЗИ (если учтены примеси и другие влияния на измеряемые сигналы) являются линии масс-спектров, не соответствующие ожидаемым положениям для ионов m/q (m – масса атома, q – заряд иона). В полной мере это относится и к пропусканию голых ядер через мишени. Другой ориентирующий фактор наличия фрагментации – это изменение изотопных отношений для элемента в масс-спектрах МЗИ при переходе от одной кратности заряда иона к другой.

5.1 Метод определения заряда альфа-частиц

Резерфорд и Гейгер экспериментально определяли общее количество альфа-частиц сцинтилляцией, а затем с помощью приемника ионов измеряли суммарный заряд известного количества частиц [101]. Из отношения общего заряда к количеству ионов, несущих этот заряд, получили заряд альфа-частицы. Применяя данную экспериментальную схему, можно оценить заряд ионов, выделенных анализатором. (При определении общего заряда важно подавить электронную эмиссию с приемника ионов). Одной из причин отклонения от кратности заряда иона, полученной этим способом, является присутствие фрагментарных ионов в анализируемом пучке.

5.2 Изотопно-разрешаемая масс-спектрометрия

Открытие фуллеренов заставило искать способы различения ионов фуллеренов и их фрагментарных ионов с равным отношением заряда к массе. Для ионов, получаемых методом электронного удара, невозможно различить фрагментарные ионы и МЗИ фуллеренов, C_{60}^{q+}, с равным отношением заряда к массе, q/m, выбором различных, разумных потенциалов появления, т.к. все эти частицы производятся эффективно только при высоких энергиях электронного удара [102]. Недвусмысленная идентификация ионов C_{60}^{q+}, в присутствии их фрагментов с равными q/m, может быть достигнута только способом изотопно-разрешаемой масс-спектрометрии (или масс-спектроскопии высокого разрешения) [89, 95]. Например, в работе [103], действие электронного удара на фуллерены C_{70} дает нефрагментарные родительские ионы C_{70}^{q+} и различные МЗИ C_N^{q+} ($N = 36 - 70$ и $q = 1 - 5$). При этом в масс-спектре существуют наложения между C_{15}^{+}, C_{30}^{2+}, C_{45}^{3+}, C_{60}^{4+}. Однако, т.к. углерод имеет два изотопа: ^{12}C (98,89 %) и ^{13}C (1,11 %), выход ионов кластеров углерода данного размера N будет включать ионы, с хорошо определяемым распределением масс, которое может быть рассчитано для относительной вероятности P по формуле:

$$P(^{12}Ca\,^{13}Cb) = \frac{(a+b)!}{a! \cdot b!} \bullet P(^{12}C)^a \bullet P(^{13}C)^b$$

где: a и b – стехиометрические коэффициенты. В случае МЗИ кластеров массовый пик, содержащий изотоп ^{13}C, всегда имеет нецелое отношение масса/заряд и, следовательно, свободен от наложений (исключение составляют ионы C_{30}^{2+} с одним изотопом ^{13}C, совпадающие с ионами $^{13}C_{60}^{4+}$, содержащими два изотопа ^{13}C). Возможности изотопно-разрешаемой масс-спектрометрии ограничены присутствием примесей в системе. Приведенные в работе [104] интенсивности изотопов для разных зарядовых состояний значительно различаются в результате присутствия водорода, кислорода и углерода. Достаточно присоединения одного атома водорода к фуллерену, чтобы серьезно осложнить расшифровку масс-спектра.

Во многих экспериментах отмечают присутствие ионов водорода. Например, в работе [105], наблюдение голых ядер углерода, азота и кислорода было затруднено из-за наличия водорода. В масс-спектрах, описанных в статьях [14, 106], присутствуют значительные пики ионов водорода. Использование низких температур может дать вклад в масс-спектры МЗИ от фрагментов водородных кластеров, т.к. при температуре жидкого азота существуют ионы H_2^+, H_3^+, H_5^+, а кластеры $(H_2)_N$ образуются при температуре 20 – 30 K [107]. О роли водорода также говорит присутствие анионов гидридов тантала и ниобия в масс-спектрах, получаемых при ионном распылении чистых металлов [108]. Еще более примечателен пример получения МЗИ титана ионизацией его летучего органического соединения [15]. Изотопные отношения для титана, рассчитанные из его масс-спектра, показали значительное расхождение в сравнении с известным изотопным составом. Для массовых чисел: 46, 47, 48, 49 и 50 Да соответственно получили, в %: 6,2 (8,0); 15 (7,3); 54,5 (73); 21 (5,5) и 4,7 (5,4). (В скобках приведено естественное содержание изотопов). Авторы предполагают вклад в масс-спектры от частиц TiH. Влияние водорода подтверждается и в работе [108], где при распылении пленки C_{84} высокозаряженными ионами ксенона, Xe^{44+}, появлялись гидрогенизированные кластеры углерода, и были получены мультиплеты пиков гидридов кластеров углерода C_N ($N = 7 – 11$) с количеством атомов водорода 1 – 3. В аналогичных экспериментах [110] распыление пленок фуллеренов мегаэлектроновольтными ионами приводило к образованию гидрированных кластеров углерода. Вышеизложенное по фуллеренам перекликается с работой [111], в которой метод плазменной десорбции рассматривается как один из способов образования гидридов фуллеренов и отмечается, что присоединение атома водорода к C_{60}^+ в газовой фазе осуществляется очень эффективно. Указывается также на возможность гидрирования молекул фуллеренов и других кластеров углерода C_N при лазерном испарении графита в атмосфере водорода.

Еще одним фактором, способным повлиять на возможности (не только) изотопно-разрешаемой масс-спектрометрии, является дополнительная кинетическая энергия, получаемая осколками при фрагментации молекул или кластеров. Например, в работе [43] показано, что МЗИ атомов, полученные из молекул, содержащих два атома с сопоставимыми массами, имеют пики, сдвинутые к более высоким отношениям m/q по сравнению с одноатомными целями.

Причем, эти сдвиги увеличиваются с увеличением кратности заряда атомного иона вследствие их первоначальной кинетической энергии, получаемой в результате кулоновского взрыва молекулярных МЗИ. Энергетические сдвиги МЗИ наблюдались для молекул: N_2, CH_4, C_2H_2, NO, N_2O, NO_2, CO, CO_2, SF_6 и I_2.

Вероятно, из-за отмеченных выше осложнений для изотопно-разрешаемой масс-спектрометрии, авторы работ [102, 103] дополнительно используют другой, по их мнению "значительно более точный, чем масс-спектрометрия высокого разрешения", способ определения соответствующей части ионов фуллеренов C_{60}^{q+} и совпадающих с ними менее заряженных фрагментарных ионов в смешанных ионных пучках.

5.3 Кинетическая электронная эмиссия с чистой металлической поверхности

Метод кинетической электронной эмиссии исходит из предположения, что при определенной скорости столкновения кинетическая электронная эмиссия с чистой металлической поверхности, бомбардируемой большими молекулами или кластерами $(C_N)^{q+}$, пропорциональна числу частиц N, составляющих молекулу, тогда как никакой зависимости от заряда q не наблюдается [103]. Так, в работе [112] нашли, что при столкновении кластеров $(C_N)^{q+}$ с атомночистой поверхностью золота выход электронов линейно зависел от размера кластера (N до 60, заряд кластера $q \leq 5$) и кинетической энергии (здесь до 165 кэВ). При этом полностью подавлена потенциальная электронная эмиссия, т.е. выход эмиссии электронов не зависит от зарядового состояния иона-снаряда (факт, который находится в противоречии с известными данными для атомных МЗИ).

В данном методе следует учитывать фрагментацию частиц до чистой металлической поверхности, т.к. фрагменты (в том числе и нейтральные) при достаточной их энергии дадут свой вклад в кинетическую электронную эмиссию.

5.4 Распознавание фрагментарных ионов по ширине пика

Исходя из положения, что ионы, образующиеся через недиссоциативную ионизацию, имеют малую внутреннюю энергию, а ионы после диссоциативной ионизации имеют избыточную энергию, распределяющуюся по степеням свободы продуктов, можно осуществить проверку состава пучков, выходящих из ИИ [74].

Для определения энергии ионов из ширины пика используют метод MIKES [81, 94, 95], выполняемый на масс-спектрометре с обращенной геометрией (магнитный каскад предшествует электростатическому анализатору). Настраивая магнитное поле на определенный родительский ион и снижая затем напряжение электростатического анализатора, регистрируют все дочерние ионы, образовавшиеся в области между магнитным и электростатическим каскадами (во второй бесполевой области). Для усиления фрагментации можно использовать метод диссоциации, активированной столкновением, CAD (Collisionally Activated Dissociation). При этом ячейку для столкновений, расположенную во второй свободной от полей области масс-спектрометра, заполняют молекулярным азотом [113] или другим легким газом (H_2, He) под давлением порядка 10^{-1} Па [81].

Следует учитывать, что определение формы MIKE-пиков с высоким разрешением требует очень тщательной настройки прибора. При изучении действия инструментальных параметров на форму MIKE-пика в работах [94, 114] было показано, что KER надежно производится из метастабильных пиков в MIKE-спектрах только при идеализированных условиях. На практике же разрешение, ширина щелей, распределение кинетической энергии родительских ионов, расхождение пучка ионов, аберрации магнитных и электрических полей влияют на форму пика и могут привести к появлению блюдообразных (dished) пиков [94, 103, 115, 116]. Блюдообразность – наличие минимума в средней части пика – значительно увеличивается, когда фрагменты появляются в результате кулоновского взрыва [117].

Представляется сложным отличить МЗИ от фрагментарных ионов по ширине и форме их MIKE-пиков, когда ионы с высокой кратностью заряда сами получаются ионизацией осколков. Зависимость ширины пиков МЗИ от их заряда q показана в работе [14], где из разрешения на магнитном анализаторе спектров $^{16}O^{7+}$ и $^{18}O^{8+}$ (при ускоряющем напряжении $V = 7$ кВ) получили, что уширение энергии ΔU составляет порядка 145 эВ и зависит от заряда иона q, как: $\Delta U \approx 20 \cdot e \cdot V \cdot q$. В источнике NICE EBIS [118] оказалось, что ширина пиков МЗИ зависит от заряда иона примерно как $0,8 \cdot q$ эВ. В источнике EBIS для тяжелых МЗИ [119] получили зависимость ширины пика от заряда иона меньше, чем: $q \cdot 50 \cdot e \cdot V$. Для ECR-источника, при типичных выходных отверстиях, разброс по энергиям составляет около $(5 \cdot q)$ эВ, для отверстий меньшего диаметра наблюдался разброс по энергиям: $(1 \cdot q)$ эВ [12]. В дополнение к сказанному следует учитывать, что форма пиков сглаживается в масс-спектрометрах с двойной фокусировкой, т.к.

существует некоторое фокусирование ионов по углам, пространству и малым вариациям кинетической энергии [120].

5.5 Способ различения отрицательных многозарядных и фрагментарных ионов

В процессе снятия масс-спектров отрицательных ионов йода удалось установить целый ряд пиков, которые соответствовали ионам с половинной массой по отношению к известному аниону йода, I^-. Схема установки, на которой были исследованы двухзарядные анионы йода, приведена в работе [121]. Также были изучены дианионы других галогенов, кислорода, теллура и висмута. Способ различения фрагментарных ионов и дианионов оказался подобным методу MIKES (п.5.4).

5.6 Роль фрагментации кластеров в линейной времяпролетной масс-спектрометрии

Для выявления фрагментарных ионов в пучках МЗИ может оказаться успешным использование линейной времяпролетной масс-спектрометрии, TOFMS (Time-Of-Flight Mass Spectrometry) [122]. Однако присутствие кластеров в ИИ и здесь приведет к экспериментальным осложнениям. Для оценки трудности расшифровки времяпролетных масс-спектров (ВП-спектров) рассмотрим ряд примеров.

В работе [123] на ВП-спектре дикатиона D_2^{2+}, который был получен облучением интенсивным лазерным светом молекул дейтерия, появляется триплет: два пика от фрагментов катиона дейтерия, D^+, устремленных вперед и назад от направления движения при диссоциации дикатиона, D_2^{2+}; третий пик образуется при диссоциации катиона D_2^+.

В другом случае [124], при рассмотрении вклада в ВП-спектры нейтральных и ионизированных фрагментов кластеров калия, было показано, что если нейтральные кластеры имеют термальные энергии, то ширины их времяпролетных пиков очень велики — около нескольких миллисекунд, и их спектров не существует. Получая же избыточную энергию при лазерной фрагментации, кластеры достигают приемника гораздо быстрее и с хорошо определяемыми времяпролетными пиками. В этом случае наблюдаются пики как ионов, так и нейтралов, причем нейтралы не изменяют своих позиций в ВП-спектрах. Существуют сильные вариации ВП-спектров кластерных ионов калия K_N^+ в зависимости от выталкивающего напряжения. Так, при нулевом выталкивающем напряжении не было видно пиков ионов калия K_N^+ (с $N < 6$), тогда как существовали пики нейтральных частиц.

В работе [125] отмечается важное требование к аппаратуре для чувствительных ВП измерений фрагментарных ионов, производимых кулоновским взрывом. Необходимо высокое время разрешения детектора, т.к. фрагментарные ионы, производимые кулоновским взрывом достигают детектора за короткий интервал времени – обычно несколько десятков, сотен наносекунд.

В случае, описанном в работе [43], времяпролетный анализ продуктов диссоциации от столкновения МЗИ аргона, Ar^{13+}, имеющих энергию 40 МэВ, с молекулярным кислородом, показал присутствие пиков O^{2+}, O^{3+} и O^{4+}, разбитых на дублеты в ВП-спектре низкоэнергетических ионов.

В работе [95] также отмечается, что распад частиц во время пролета вперед, – сонаправленно движению пучка ионов, и назад – противонаправленно – дает пики-дублеты.
В ионных источниках, применяемых в TOFMS, период следования выталкивающих импульсов должен превышать время пролета самых тяжелых ионов [11]. При наличии кластеров с большой массой возможны наложения.

В линейных ускорителях нерезонансные, т.е. неускоряемые радиочастотным полем ионы, достигают детектора TOFMS, но имеют постоянную локализацию в ВП-спектре, вне зависимости от амплитуды радиочастоты, только наблюдается расширение сигнала [126].

Если в TOFMS до приемника ионов используются какие-либо задерживающие, отклоняющие, фокусирующие поля, то может происходить разделение родительских ионов и фрагментов, а, следовательно, появление в ВП-спектре сигналов фрагментарных ионов и нейтралов. В работе [104] отмечается особенность TOFMS, которая состоит в наличии двух электростатических линз: 1-ая линза – "электронный коллектор – вытягивающий электрод"; 2-ая линза – "вытягивающий электрод – трубка дрейфа". Ионы с разными значениями m/q испытывают неодинаковые воздействия при прохождении этих линз, что приводит к тому, что у анализатора появляются слабовыраженные свойства резонансности, которые необходимо учитывать.

В результате периодического действия ИИ в TOFMS, выход из него фрагментарных катионов, анионов, нейтральных частиц происходит через определенные интервалы времени, и в дрейфовой трубке может образоваться периодическая структура пучка частиц. На этих волнах плотности могут происходить процессы изменения состава ионных пакетов: ион-молекулярные реакции, обдирка, перезарядка, фрагментация.

Метастабильный распад больших кластеров может быть виден как вторичные пики при меньших временах детектирования. Поэтому был предложен новый ВП метод анализа выделения энергии в кулоновском взрыве кластеров [127], позволяющий детектировать частицы очень высоких энергий, в отличие от обычного ВП-рефлектрона.

5.7 Изучение фрагментации кластеров методом совпадений

Для изучения метастабильного распада и определения незаряженных фрагментов в пучках ионов используют метод совпадений [128 – 130]. На TOFMS-рефлектроне для каждого распада, происходящего в области после ускорения и до электростатического зеркала, заряженные фрагменты, отраженные зеркалом, детектируются одним приемником ионов, а нейтральные фрагменты, проходящие сквозь зеркало, детектируются вторым приемником. Данный метод можно использовать для определения присутствия кластеров в ИИ по их нейтральным фрагментам. Другой метод изучения фрагментации метастабильных частиц, используя преимущества рефлектрона как энергоанализатора, применялся в экспериментах лазерной десорбции [131], а позднее был развит в технику распада после источника ионов, PSD (Post Source Decay). В этом методе [132] напряжение зеркала уменьшается до тех пор, пока анализируемый пик не исчезает; затем напряжение зеркала делится ускоряющим напряжением, равным отношению масс дочерних и родительских ионов. План практического определения фрагментарных ионов и их предшественников дан в работе [128]. К трудностям постановки эксперимента можно отнести: малость пиков, получаемых от метастабильного распада, по сравнению со стабильными частицами; нейтральные фрагменты сидят на высоком фоне; слишком большой выход нейтральных фракций; присутствие МЗИ осложняет расшифровку масс-спектров.

5.8 Трудности масс-спектрометрического эксперимента

При постановке экспериментов на динамических и статических масс-спектрометрах встречаются схожие проблемы. Рассмотрим далее некоторые из них.

Отложенная электронная эмиссия играет доминирующую роль в динамике ионизации фуллеренов [133 – 135]. Возбужденные фуллерены, полученные действием лазерных импульсов [133], движутся к оси выходной щели ИИ в течение некоторого периода времени. Положение, при котором эти частицы ионизируются в области ускорения, будет определять их трансляционную энергию. В спектрах катионов углеродных кластеров могут быть наложения от фуллеренов, полученных с задержкой ионизации. Степень интерференции зависит от таких параметров, как размеры ИИ, положение ионной задвижки во времяпролетной трубке, трансляционной энергии ионов и т.д. Эти интерференции не ограничиваются фуллеренами, но должны учитываться всегда, когда ионы образуются с определенной задержкой после возбуждения, что наблюдается для металлуглеводородных кластеров [136] или при автоионизации возбужденных катионов [50].

Процессы, обратные фрагментации – реакции коалесценции – дают вклад в сигналы катионов кластеров углерода, близкие к кратным массам первичных фуллеренов [133]. Было найдено, что коалесценция имеет место даже без использования буферного газа, а образование анионных частиц может быть столь же эффективным, как и катионов [134]. Значительные наложения могут наблюдаться в PSD масс-спектрах, что легко приведет к некорректной интерпретации экспериментальных результатов.

Масс-спектрометры детектируют высокоэнергичные фрагментарные ионы со значительной дискриминацией [137, 138], что сильно влияет на определяемые сечения ионизации. В ИИ типа EBIS [119] при производстве тяжелых МЗИ наблюдались пики сателлитов, т.к. анод находился под потенциалом на 2 кэВ выше, чем ионизационная трубка ($U_I = 13$ кВ), и ионы, генерируемые в этой области, получали дополнительную энергию ~ 2 кВ. Однако интенсивности пиков-сателлитов в масс-спектрах быстро уменьшаются с увеличением зарядовых состояний.

Коллективное ускорение ионов интенсивным релятивистским пучком происходит, когда пучок электронов попадает в разряженный газ и ионизирует его, ускоряя часть ионов газа до энергий значительно превосходящих энергию электронов. Механизм ускорения пока окончательно еще не выяснен, но присутствие схожего эффекта (с нерелятивистскими электронами), и, следовательно, искажение масс-спектра возможно в источниках EBIS (п.2.2) и EBIT (п.2.3).

При разлете плазмы ионы ускоряются как за счет газодинамической силы, так и за счет действия напряжения [139, 140]. Ионы, образующиеся в ИИ: лазерных, дуговых, искровых, ECR, PIG-типа и др., получая прирост энергии от обоих процессов, могут усложнять масс-спектр, т.к. именно плазменная струя является средой, из которой вытягивается ионный пучок.

В областях, свободных от полей, ионы могут разряжаться электронным захватом в ион-атомных столкновениях, что в масс-спектре проявляется как МЗИ меньшего заряда [119]. Результат такой нейтрализации подобен присоединению в свободном от полей пространстве N нейтральных частиц массы A к иону A_K^+ по схеме: $A_K^{q+} + A_N \rightarrow A_{(K+N)}^{q+}$.

Наибольшее загрязнение пучков МЗИ происходит фрагментами от сложных частиц, поэтому далее оценивается возможность образования кластеров в условиях производства МЗИ.

6. Анализ возможности образования кластеров при получении МЗИ

Сопоставление способов производства МЗИ (раздел 2) и кластеров (раздел 3) показывает очевидное сходство условий получения и тех и других при воздействии мощных потоков энергии на конденсированную фазу. В ИИ типа искра, дуга, лазер, тлеющий разряд или при ионной бомбардировке вещества имеет место интенсивное испарение и/или распыление исследуемого материала в буферном газе (или вакууме), приводящее к образованию кластеров.

В более мягких условиях ионизации конденсированной фазы также есть условия для кластерообразования. Например, в жидкометаллических ионных источниках, LMIS (Liquid Metal Ion Source), в процессе эмиссии мономерных ионов образуются и полимерные, доля и размер которых возрастают с ростом тока, а при достаточно больших токах существенная часть потери массы связана с заряженными микрокаплями [141]. Механизм образования кластеров не совсем понятен. Так, в LMIS, работающих на металлах групп IVA и VA, заметен значительный вклад кластерных ионов, а в работающих на металлах группы IIIA этот вклад относительно невелик. В работе [142] предложен механизм кластерообразования в ИИ данного типа.

При ионизации методом электрораспыления, ESI (Electrospray Ionization) [143], заряженные капли производятся при атмосферном давлении, а газообразные МЗИ образуются из капель в нагретом капилляре, что не исключает образования кластеров.

Методом матрично-активированной лазерной десорбции/ионизации, MALDI (Matrix Assisted Laser Desorption-

Ionization), ионизируют нелетучие нестойкие вещества. При этом лазерная энергия поглощается матрицей, а сложный компонент не успевает разложиться. Он выносится в газовую фазу испаряющейся матрицей и быстро охлаждается при адиабатическом расширении облака молекул матрицы [144]. В этом случае создаются подходящие условия для образования кластеров.

6.1. Ввод в плазму металлов

6.1.1. ECR-источник для производства МЗИ металлов.

В ионном источнике LBL-ECR (п.2.1.1.) атомы испаренного металла выходят из печи, размещенной во второй ступени источника, попадают в ECR-плазму и ионизируются электронным ударом [12]. Плазма поддерживается введением на первой ступени опорного газа (азота или кислорода). Аналогично, при получении кластеров, атомный пар, образующийся в печи, далее расширяется вместе с буферным газом через сопло в вакуум. Например (п.3.1.2), поток испаренных атомов вольфрама, полученный из металлического вольфрама при температуре около 4500 К, остывает при столкновениях с атомами аргона и в конечном итоге объединяется в кластеры [57]. Роль буферного газа сводится к уносу лишнего тепла, что способствует росту кластеров [55].

6.1.2. Электрические разряды.

Электрические разряды широко применяют не только для получения кластеров, это также эффективный способ производства МЗИ. В PIG-источнике (п.2.4) давление в разряде Пеннинга высокого давления составляет более 0,1 Па, и катоды постепенно расходуются в результате бомбардировки высокоэнергичными ионами. В ИИ с вакуумной дугой (п.2.6) плазма состоит из вещества катода. В ИИ MEVVA [30, 31] – вакуумная дуга в парах металла является плазменным разрядом между двумя металлическими электродами в вакууме.

При получении кластеров распыление жаропрочных металлов может осуществляться с помощью газового разряда, если он обеспечивает высокую эрозию материалов [55]. Магнетронный разряд вызывает распыление катода и может быть эффективным генератором кластерных пучков. Для генерации кластеров используют давление буферного газа аргона 10 – 100 Па. Разряд с полым катодом (тлеющий разряд) характеризуется еще более высокой эффективностью распыления катода под действием ионного тока и также подходит для образования атомного пара, который далее преобразуется в кластеры.

6.1.3. Ввод металлсодержащих молекул в плазму.

В источнике ионов MIVOC используется ввод летучих соединений металлов в плазму буферного газа (п.2.1.2). Аналогично этому (п.3.1.2) возможно образование кластеров в плазме высокого давления из галогенидов жаропрочных металлов [56, 64]. В обзоре [64] отмечается, что введение в плазму молекул, содержащих металлические атомы, является методом генерации интенсивных атомных пучков для кластерных источников света.

6.1.4. Ввод в плазму аэрозолей.

В аналитической масс-спектрометрии часто прибегают к вводу в плазму аэрозолей. (Сп.Ч.1). В тех ИИ, микроволновой разряд, дуговой разряд, высокочастотная индуктивно-связанная плазма, ICP (Inductively Coupled Plasma) [10, 145 – 147] и др., куда исследуемое вещество вводится в виде аэрозолей, – кластеры образуются, аналогично методу их получения вводом аэрозолей в плазму (п. 3.1.1). После десольватации аэрозоля получаются микро/нано частицы (кристаллики оксидов, галогенидов и т.п.), которые далее испаряются и/или распыляются ионами и электронами плазмы, давая атомы, ионы и кластеры. При этом малые кластеры также будут образовываться и расти из атомного пара и ионов в областях с более низкой температурой.

6.1.5. Лазерное испарение вещества.

Лазерная плазма – это источник одно- и многократно ионизированных атомов (п.2.5), отрицательно заряженных ионов, нейтральных атомов и кластеров (с малой и большой энергией) [9, 148].

6.2 Вторичная ионная эмиссия.

В результате вторичной ионной эмиссии образуются как кластеры (п.3.3), так и МЗИ (п.2.1.1). В источнике Minimafios (п.2.1.1) используется ионное распыление (или испарение) пленки металла, сконденсированной на стенках второй ступени ИИ. О роли ионного распыления также говорит тот факт, что наилучшие пучки ионов йода были получены из йода, адсорбированного на стенках камеры с плазмой [12].

Интересная корреляция обнаружена при изучении эмиссии МЗИ с кристаллов галогенидов щелочных металлов между энергетическими порогами выхода распыленных МЗИ и молекулярных ионов [149]. Одновременно с образованием МЗИ появляются молекулярные ионы – источники фрагментарных ионов, дающие вклады в масс-спектры МЗИ.

В работе [148] отмечается, что в лазерном ИИ значительная часть газа образуется в результате фотодиссоциации вещества, адсорбированного на стенках камеры (под действием рентгеновского и ультрафиолетового излучения плазмы).

В PIG-источнике (п.2.4) пучок МЗИ получался лучше, когда один край щели вытягивающего электрода прикрывал часть выходящего пучка. Одна из возможных причин – это распыление (срыв) ионами отложений со щели и их фрагментация; другая – поверхностно-индуцированная диссоциация, SID (Surface-Induced Dissociation), частиц, выходящих из ИИ.

В ИИ с индуктивно связанной плазмой обнаружено образование полиатомных ионов: AuX, AgX, NiX, CuX и AlX, (где X: Ar, O, N и H) из материала детали масс-спектрометра (скиммера) [150].

В образовании отложений и в распылении участвуют ионы и нейтральные частицы, получающиеся в ИИ. Например, из-за неполного удержания плазмы в ЭЦР-источниках (п.2.1.), из нее непрерывно движется поток ионов. Каждый ион проходит несколько циклов перехода из плазмы на стенки и обратно, прежде чем выводится из системы в виде ускоренного пучка или откачивается вакуумными насосами в виде нейтрального газа. В PIG-источниках (п.2.4) время удержания ионов также ограничено за счет поперечной диффузии через осевое магнитное поле, происходящей с аномально большой скоростью. Уход энергичных ионов на стенки источника происходит также в источниках EBIS (п.2.2) и возможен в EBIT (п.2.3).

6.3 Использование криогенных температур при получении МЗИ.

Достижение низких температур является важным условием образования газовых кластеров (раздел 3). Для получения высокого вакуума и сильных магнитных полей в ИИ применяют криогенные температуры. Например, в экспериментах с газовыми МЗИ [118] пролетная труба TOFMS охлаждалась до 4,2 K; в работе [151] температура капиллярной трубки натекателя понижалась до 78 K, что не препятствовало инжекции рабочего газа в электронный пучок. Когда поверхность магнита охлаждалась жидким гелием, она работала как криогенный насос [152]. Значительное понижение температуры ИИ приводит к образованию пленок газов на его деталях.

6.4 Образование кластеров при ионизации газов

Газовая плазма кажется менее всего отягощенной присутствием кластеров, и есть опасность игнорирования кластерообразования при интерпретации масс-спектров МЗИ газов.

Анализ возможности появления кластеров при производстве МЗИ осложняется неполной изученностью всех физических явлений, лежащих в основе действия ИИ. При этом "основные принципы – это скорее набор гипотез, общепринятых среди исследователей, работающих с ионными источниками, а не экспериментально подтвержденные факты" [12]. К тому же, методы производства кластеров относятся к пучкам больших, стабильных частиц, получаемых в достаточных количествах, тогда как для масс-спектрометрии МЗИ может оказаться критичным присутствие незначительного числа малых метастабильных кластеров, т.к. сечения образования ионов с высокой кратностью заряда очень малы. Увеличение же выхода МЗИ обычно сопровождается ростом кластерообразования и фрагментации.

Для образования газовых кластеров обычно требуется выполнение одного или нескольких условий: низкая температура, высокое давление, присутствие буферного газа, наличие ионов, большое число столкновений ионов с нейтральными частицами. Имеют ли место перечисленные условия при производстве МЗИ газов?

В источнике ECR (п.2.1) электроны нагреваются селективно, оставляя ионы холодными (~ 1 эВ). Первая ступень ЭЦР-источника – ступень инжектора плазмы – это источник холодной плазмы, действующий при повышенном давлении, где имеет место огромное число столкновений между частицами. Потери МЗИ определяются в основном перезарядкой с нейтральными атомами в плазме (и потерями при удержании). Сечение перезарядки между МЗИ и нейтралами на 3 – 4 порядка превышает соответствующие сечения ионизации электронным ударом, а скорости реакций пропорциональны скоростям сталкивающихся частиц [12]. Когда источник ЭЦР работает с газами тяжелее кислорода – используется смесь газов.

В PIG-источниках ионов (п.2.4.) давление в разряде Пеннинга высокого давления составляет более 0,1 Па, что может оказаться достаточным для образования малых кластерных ионов.

Ввод газа через натекатели в ИИ может привести к образованию кластеров так же, как при их генерации расширением газа через сопло (п.3.5). В длинных соплах (при неадиабатических условиях расширения газа) из-за передачи тепловой энергии стенкам сопла выход кластеров увеличивается [55].

При высоких скоростях откачки (для получения высокого вакуума в приборе) возможно обогащение кластерами пучка газов, вводимых в ИИ. Например, когда плазма послесвечения движется после сопла, атомные частицы рассеиваются и откачиваются из плазмы, тогда как столкновение кластера с атомами не ведет к заметному рассеянию из-за его большой массы, и через некоторое время поток плазмы с кластерами превращается в поток кластеров [55].

Характеристики плазмы (температура, давление, плотность) и состав различаются в зависимости от участка ИИ. Образование кластеров из испаренного пара происходит в любой газовой системе с переменной температурой, и они появляются не в горячей плазме, а в плазме послесвечения [153].

Газовые ИИ по всему объему заполнены газом – средой для ион-молекулярных реакций и охлаждения.

Для получения газовых МЗИ обычно используют смеси газов. Для эффективного образования кластеров присутствие буферного газа также необходимо.

Стабильность кластерных ионов выше, чем нейтральных кластеров аналогичного состава. Например, ион He^+_2 прочнее, чем частица He_2 [70]. В исследованиях одномолекулярной диссоциации нестехиометрических кластеров кислородных ионов O_N^+ ($N = 5, 7, 9, 11$) указывается на большую прочность ионных кластеров, чем нейтральных [78]. В слабоионизированной газоразрядной плазме разных типов (при нормальной температуре и средних давлениях) кластерные ионы присутствуют в заметном количестве [53]. При пониженных температурах или при высоких давлениях кластерные ионы составляют основную часть ионов в слабоионизированном газе (п.3.4). При температуре жидкого азота существуют ионы H_2^+, H_3^+, H_5^+, а кластеры $(H_2)_N$ образуются при температуре $20 - 30$ К [107].

Газоразрядная плазма локально охлаждается при попадании в нее кластеров или капель постороннего материала. При испарении капель и частиц также происходит резкое повышение давления в прилегающих к ним областях. Это происходит при распылении в плазму аэрозолей и мелкодисперсных порошков, при лазерном испарении, в вакуумной дуге и искре, вторичной ионной эмиссии.

Степень охлаждения и скачки давления зависят от массы, температуры и природы вводимого материала. В работе [55] отмечается, что если металлические атомы образуются в плазме буферного газа в результате распада введенных туда металлосодержащих молекул, то для протекания процесса разрушения газу необходимо сообщить заметную удельную энергию. Этот процесс сопровождается охлаждением буферного газа, что способствует кластерообразованию.

Условия для образования комплексных соединений газов в ИИ возникают, когда распыленные в них кластеры и капли собирают на себя газовые ионы плазмы, а затем, в результате столкновений или других процессов, оболочка теряется в виде газовых кластеров. Так, например, при лазерном распылении материалов в атмосфере инертных газов, образуются смешанные кластеры углерода, кремния и германия с Ar, Kr и Xe [62]. Согласно экспериментальным и теоретическим исследованиям [154] молекула C^+-A r является очень стабильной, с энергией связи порядка 1 эВ, а малые кластеры C_N^+ очень активны. В ИИ с индуктивно-связанной плазмой также образуются полиатомные ионы [150]. Здесь, вероятно, можно провести некоторую аналогию с агрегатным генератором кластеров (п.3.6). Гидриды фуллеренов образуются очень эффективно (п.5.2). Тот факт, что основными методами детектирования кластеров являются масс-спектрометрические, показателен с точки зрения возможности образования стабильных газовых кластеров. Ионизация газовых кластеров не редко осуществляется при довольно высоких энергиях электронов, порядка 100 эВ и выше. О прочности кластеров инертных газов (Ar, Kr, Xe) говорит энергия электронов ($\leq$ 1,5 кэВ), которая применялась при изучении их фрагментации [79].

В связи с тем, что некоторые свойства газов хорошо описываются, исходя из присутствия в них кластеров [155, 156], можно допустить их изначальное присутствие в газах.

6.5 Кластеры в источниках EBIT

EBIT – это основной ИИ для получения пучков голых ядер. Существование "теплых" источников МЗИ типа EBIT (п.2.3) и EBIS (п.2.2) вынуждает сделать предположение о вторичности охлаждения для образования кластеров в этих ИИ. Механизм кластерообразования в EBIT можно представить следующим образом. Поток электронов (электронный ветер) оказывает колоссальное давление на ионы, удерживаемые в электронном пучке его пространственным зарядом и подходящим распределением электрического поля вдоль ловушки. Сильное магнитное поле сжимает пучок электронов с захваченными ионами к оси ловушки до огромных плотностей тока (до 5000 А/м^2 [7]). Получается кузница кластерных ионов (или плазменных кристаллов), где наковальня – электрическое поле, удерживающее ионы; стенки пресс-формы – магнитное поле, а пресс (или молот) – электронный пучок. При этом электроны дополнительно являются нейтрализатором МЗИ. Давление огромно, столкновений множество, плюс – нейтрализатор. Понижение температуры ионов возможно за счет испарительного ион-ионного охлаждения (п.2.3.), когда вводится дополнительно буферный газ (который также необходим для производства кластеров). Помимо отбора тепла буферным газом в EBIT можно предположить дополнительные виды охлаждения: радиационное, магнитное (по аналогии с магнитным охлаждением ядер), электронное (подобно охлаждению электронами ионных пучков в накопительных кольцах ускорителей).

В EBIT также можно предположить образование упорядоченных структур, как в накопительных кольцах ускорителей (см. далее п.7.3) или ионных кулоновских кристаллов, как в ловушках Пеннинга и Пауля [157].

Пучки низкозарядных ионов, которые инжектируются в EBIT из ИИ, например: из MEVVA [30, 31] или из искрового ИИ [25] изначально не являются одноатомными.

6.6 Ионизация ионов пересекающимся электронным пучком

Основная проблема получения МЗИ методом пересекающихся пучков связана с малыми сечениями ионизации ионов. Например в [44], при ионизации пучка катионов гелия He$^+$ электронным ударом токи He$^+$ и He^{2+} отличались примерно в 10^8 раз! Понятно, что в данном случае огромное значение имеет учет самых незначительных факторов. Изучение ионизационных столкновений электронов с ионами [158] по схемам:

$$A^+ + e \rightarrow A^{2+} + 2e \qquad\qquad (6)$$
$$A^{2+} + e \rightarrow A^{3+} + 2e \qquad\qquad (7)$$

показало, что выход вторичных ионов в процессах (6) и (7) сопряжен с учетом большого фона, который накладывается на измеряемые токи ионов A^{2+} или A^{3+}. При измерении ионных токов в области максимумов кривых ионизации всех рассмотренных ими ионов наблюдался фон до 20 % от полного тока. Исходя из малых сечений ионизации ионов, при таком большом фоне в ионном пучке можно допустить образование МЗИ из частиц фона (или принятие за таковые фрагментов частиц фона).

Появление в ионных пучках сложных частиц (и их фрагментов) может быть вызвано тем, что ионизация пучка ионов электронами (или лазерными фотонами) приводит к смещению траекторий части ионов вследствие электронного давления (подобно электронному ветру в плазменных ускорителях) или светового давления (как в радиационных ускорителях). Это вызывает ион-ионные и ион-молекулярные взаимодействия в присутствии нейтрализующих электронов (первичных или вторичных).

7. Кластерообразование в ускорителях
7.1 Изменение состава пучка ионов при его формировании, транспортировке, перезарядке

Примером изменений, происходящих с пучком ионов при перемещении, могут служить каналовые лучи [159]. Если в катоде существует узкое отверстие (как, например, в ИИ PIG-типа (п.2.4)), то положительные ионы, движущиеся в темном катодном пространстве, проходят через отверстие и образуют в закатодном пространстве пучок каналовых лучей. На пути такого пучка газ светится. Вследствие явлений перезарядки (и/или обдирки) пучок состоит также из быстрых нейтральных молекул или атомов, отчасти возбужденных, и из отрицательных ионов. Под действием магнитного поля каналовый луч распадается на три пучка: положительный, отрицательный и нейтральный. При повторном пропускании каждого из пучков через магнитное поле, каждый из них вновь распадается на три пучка. Это говорит о постоянных превращениях пучков ионов и нейтральных частиц.

В [160] отмечается, что реальные пучки ионов редко бывают ламинарны, и в любой точке пространства существуют траектории частиц, наклоненные относительно главной оси, что приводит к неламинарному потоку, и, следовательно, к взаимодействию в пучке.

При больших скоростях откачки (для получения высокого вакуума) возможно обогащение кластерами пучка ионов, выводимых из ИИ. Это аналогично процессу получения кластерных пучков [55], когда плазма послесвечения движется после сопла, атомные частицы рассеиваются и откачиваются из плазмы, тогда как столкновение кластера с атомами не ведет к заметному рассеянию из-за его большой массы, и через некоторое время поток плазмы с кластерами превращается в поток кластеров.

В работе [161] говорится, что реакции ионов с нейтральными молекулами могут происходить во время перемещения пучка в масс-спектрометре от источника к детектору, что приводит к усложнению масс-спектров, наблюдаемых при высокой чувствительности, которая необходима при анализе МЗИ.

Процессы, происходящие с пучками в масс-спектрометрах или ускорителях, под действием отклонений в магнитных и электрических полях, многократных фокусировок, дефокусировок, охлаждения, банчировок, ребанчировок, и др., приводят к многократным столкновениям частиц в пучках, изменяют их состав и свойства.

Сложность состава моноэнергетических ионных пучков можно продемонстрировать на примере получения анионов водорода перезарядкой [121]. В этом эксперименте пучок катионов водорода с энергией 9 кэВ пропускался через сверхзвуковую струю паров натрия. (В данном случае вероятно образование кластеров натрия и даже возможно образование кластеров водорода по схеме аналогичной получению кластеров в агрегатном генераторе частиц (п.3.6)). Источник положительных ионов, при работе с которыми был получен максимальный ток отрицательных ионов водорода, H^-, формировал пучок, содержащий после прохождения мишени примерно 48% ионов H^- с энергией 9 кэВ, образовавшийся из ионов H^+, 26% ионов H^- с энергией 4,5 кэВ, возникших в результате распада H_2^+, и 26% ионов H^- с энергией 3 кэВ, образовавшихся в результате диссоциации ионов H_3^+. Таким образом, от 50 до 75% анионов H^- производятся из молекулярных ионов пучка. Одинаковые частицы H^- с дискретными энергиями разделяются анализатором, как разные ионы.

7.2 Изменение состава пучка ионов при обдирке

Для получения высоких кратностей заряда ионов в ускорителях широко используют обдирку на газовых мишенях или фольге [46 – 50]. Обдирка на газовых мишенях напоминает метод диссоциации, активированной столкновениями (спектроскопия кинетических энергий фрагментарных ионов, образовавшихся при соударениях ионов с газом) [81]. Сходство между условиями получения МЗИ методом обдирки и фрагментацией сложных частиц подтверждается экспериментом [48], в котором двухзарядные молекулярные ионы гелия $^4He_2^{2+}$ получались путем обдирки ионов $^4He_2^+$ на газовой мишени (азот). Однако в результате серьезной интерференции с пиком $^4He^+$ от фрагментации по схеме: $^4He_2^+ + N_2 \rightarrow {}^4He^+ + {}^4He + N_2$, оказалось невозможным отличить масс-спектры МЗИ от фрагментов.

Условия получения МЗИ обдиркой схожи с методом расщепленного пучка [44]. В этом методе, для изучения изменений при столкновении одинаковых ионов, монокинетический ленточный ионный пучок фокусируется, что приводит к пересечению траекторий ионов в области фокуса и возникновению в пучке новых частиц. Для сравнения: в обычном методе обдирки при доставке пучка к газовому обдирателю, он также фокусируется на мишень с малым углом сходимости (в работе [162] – это порядка 12 миллирадиан). Мишень при этом – поставщик электронов и нейтральных частиц.

В ультразвуковых струях газовых мишеней образуются кластеры (п.3.5) и возможно усложнение частиц обдираемого ионного пучка, аналогичное кластерообразованию, происходящему в агрегатном генераторе кластеров (п.3.6).

Исходя из утверждения, что при облучении кластеры ведут себя подобно конденсированным фазам [55], процессы, происходящие при бомбардировке фольги ионами, можно, в некоторой мере, распространить на газовые сверхзвуковые мишени, содержащие кластеры.

Из предыдущего пункта (п.7.1) следует, что пучки, бомбардирующие мишень, не являются моноатомными. От способа производства ионов, бомбардирующих мишени, зависит состав пучка, падающего и прошедшего через мишень. В пучках могут присутствовать, помимо ионов и нейтральных частиц, как жидкие кластеры, так и кристаллические, как горячие, так и холодные [52]. Состав ионного пучка, среднее зарядовое состояние и распределение заряда ионов, покидающих мишень, зависит от энергии и состава бомбардирующих ионов [46]. При энергии порядка 100 кэВ пучок может содержать фракцию отрицательно заряженных ионов [2].

Развивая тему усложнения пучков, прошедших через мишень, рассмотрим факторы, которые в процессе обдирки могут привести к образованию сложных, метастабильных частиц, фрагменты которых в дальнейшем могут быть приняты за МЗИ, а спектральные линии, испускаемые молекулярными фрагментами или кластерами, могут быть приписаны атомарным частицам.

Один из первых методов получения кластеров связан с ионным распылением твердых тел бомбардировкой мишени ионами килоэлектронвольтных энергий. При ионной бомбардировке тонких мишеней помимо обычного распыления, также имеет место распыление материала вперед, что подтверждается присутствием линий элементов мишеней в оптических и рентгеновских спектрах. Одним из процессов, сопровождающих столкновение высокоэнергетических и кластерных ионов с твердой поверхностью, является эмиссия электронов, нейтральных и заряженных частиц (атомов, молекул и кластеров) [51, 52]. В случае применения тонких мишеней (порядка 5 – 300 нм), при их бомбардировке ионами, молекулами и кластерами, эмиссия всех этих частиц наблюдается с обеих сторон фольги. В работе [163] исследовалось взаимодействие кластеров водорода H_N^+ ($N = 1 – 13$) с углеродной фольгой. Оказалось большим сюрпризом проникновение кластеров H_9 через фольгу толщиной 300 нм.

Распыление вещества ионами, кластерами вперед подобно распылению фольги лазерным лучом: появляются разнообразные частицы с очень высокими энергиями [9].

При взаимодействии молекулярных ионов с твердым телом возможен их кулоновский взрыв [46]. Кинетическая энергия, выделяемая в процессе кулоновского взрыва кластера, влияет на энергетическое и угловое распределение осколков, вылетающих в направлении пучка из мишени. В работе [46] рассмотрено пропускание ионов H_2^+, $^3He_2^+$, $^4He_2^+$, $^4HeH^+$, D_3^+, $^3HeH^+$ (с энергией 0,8 – 3,6 МэВ) через различные твердые мишени. Показано, что после обдирки молекул: H_2, $^3He_2^+$, $^4HeH^+$, D_3^+ и др. получались два-три массовых пика в зависимости от толщины фольги. При изучении обдирки на газовой мишени 14-ти различных моноатомных ионов в масс-спектрах также получили до трех пиков для каждого из элементов [50], что было бы логично объяснить вкладом от фрагментации сложных частиц. Однако авторы объясняют это разными состояниями возбуждения ионов, идущих на обдирку.

Множество экспериментов по получению МЗИ обдиркой, выполнено с углеродной мишенью [3], а согласно экспериментальным и теоретическим исследованиям малые кластеры углерода C_N^+ очень активны [62], что повышает вероятность образования смешанных кластеров углерода.

Столкновения ионов, электронов и нейтральных частиц распыленной мишени с частицами пучка приведет к их совместному агрегированию за мишенью. Например, при лазерном распылении материалов в атмосфере инертных газов, образуются смешанные кластеры углерода, кремния и германия с Ar, Kr и Xe [62]. При этом ионы $(C–A r)^+$ являются очень стабильными [154], с энергией связи порядка 1 эВ. В ИИ с индуктивно связанной плазмой обнаружено образование полиатомных ионов AuX, AgX, NiX, CuX и AlX, (где

X: Ar, O, N и H) из материала скиммера, выделяющего ионный пучок [150].

Во время обдирки на фольге пучок ионов (или последовательность банчей), проходя через микроотверстия (реально существующие в фольге до начала бомбардировки ионами или образовавшиеся под обстрелом ионов), фокусируется и передает энергию мишени и/или распыляемому материалу. Возможно действие краевого эффекта на отверстиях в фольге, аналогичное эффекту на щелях ИИ (п.2.4).

В зависимости условий эксперимента, пучок ионов, проходя через микро- или нано отверстия в фольге, может не фокусироваться, а расширяется и охлаждается, как при истечении плазмы через сопло, что также способствует кластерообразованию в пучке.

Для проходящего пучка нейтрализующими агентами могут оказаться фрагменты мишеней или нейтрализованные на мишенях ионы из пучков и электроны, выбитые из мишени. Сечения перезарядки между МЗИ и нейтральными частицами очень велики: перезарядка на 3 – 4 порядка больше соответствующих сечений ионизации электронным ударом [12]. Скорости реакции пропорциональны скоростям сталкивающихся частиц. Для снижения перезарядки плотность числа нейтральных атомов должна быть на два порядка меньше плотности числа электронов. Выполняются ли перечисленные условия нейтрализации на мишенях? Может ли природа обдирки ионов быть объяснена только сверхвысокими энергиями обдираемых частиц?

7.3 Кластерообразование в сторожевом кольце тяжелых ионов

Сторожевое кольцо тяжелых ионов – это чрезвычайно длинная ловушка для захвата части пучка ионов – кольцевой, вакуумированный сосуд, в котором вращается пучок [2]. Образование сложных частиц в ионных пучках, введенных в ускорители, возможно в результате процессов, уже рассмотренных выше (п.7.1 и п.7.2). Охлаждение ионных пучков вносит дополнительные изменения в их состав и свойства. В этой связи заслуживает внимания работа [164], в которой наблюдалось аномальное поведение малого количества частиц в пучках МЗИ, охлажденных электронами. Даже без продолжения охлаждения холодный ионный пучок совершает в сторожевом кольце более 10^6 оборотов без значительного увеличения температуры. Охлаждение ионных пучков до экстремальной пространственной фазовой плотности приводит к генерации упорядоченной структуры, часто называемой кристаллическим пучком. Существование таких упорядоченных структур демонстрировалось в ловушках заряженных частиц в покое [157]. Впервые на эффект упорядочения в быстром, охлаждаемом электронами пучке протонов в NAP-M кольце указано в работе [165]. Уже в ранних теоретических исследованиях [160] отмечалось, что МЗИ дают лучшие предусловия для достижения упорядоченных структур, и фактор уменьшения моментального расширения пучка возрастает с зарядом иона [164]. В зависимости от линейной плотности пучок может перестроиться в одномерную струну или, для более высокой линейной плотности, даже в двух- или трехмерный кристалл [167]. Однако, для двух- и трехмерных структур неясно, смогут ли они сохраниться, когда подвергаются сильным разрушающим нагрузкам в поворотных магнитах или фокусирующих полях квадрупольных магнитов сторожевого кольца. Возможно, что образование упорядоченных структур связано (в том числе) с нейтрализацией МЗИ охлаждающими электронами.

8. Заключение

В достаточной степени еще не изучены все физические явления, лежащие в основе действия ИИ и генерации кластеров. Неоднозначность в интерпретацию экспериментальных данных вносят: ассоциация и коалесценция частиц, ион-молекулярные реакции, отложенная ионизация и особенности экспериментальных установок.

Проведенный анализ экспериментального материала показывает, что получение МЗИ и последующее формирование пучков ионов, сопровождается образованием и фрагментацией кластеров, что серьезно осложняет работу с МЗИ и корректную интерпретацию полученных результатов. В определенных условиях для любых элементов могут существовать моноизотопные кластеры таких размеров, что при их фрагментации имеются наложения от дочерних ионов на пики МЗИ в масс-спектрах (см. формулы: 1 – 4, п.4.2).

Экспериментально показано [106], что средняя кинетическая (и максимальная) энергия МЗИ растет практически линейно с зарядом иона в широком диапазоне его изменения. Кулоновский взрыв кластеров одного размера дает выход величин с дискретной энергией [127], и при моноатомном распаде кластеров разных размеров A_N получаются одинаковые частицы A с разными энергиями (сравните с дискретностью энергий ионов водорода, полученных перезарядкой (п.7.1)). Это согласуется с дискретностью сигналов фрагментов в TOFMS (п.5.6) и увеличением избыточной энергии ионов при возрастании их зарядов (п.5.4).

В данной работе найдена корреляция между шириной пиков фрагментарных и многозарядных ионов (п.5.4). Ширина масс-спектрального пика МЗИ увеличивается с увеличением заряда иона. Ширина пика фрагментарного иона также увеличивается с увеличением кратности заряда того иона, на сигнал которого возможно наложение данного фрагмента в масс-спектре. Это связано с тем, что согласно формуле (5) трансляционная энергия дочернего иона $A_X{}^+$, появившегося в результате реакции (1), (при прочих равных условиях) возрастает с увеличением числа частиц N массы A в родительском кластере $A_N{}^+$, который он покидает. Исходя из уравнений (2) и (3), при испарении (в свободном от полей пространстве) с кластера $A_N{}^+$ одной частицы $A_X{}^+$ (т.е. при $X = 1$), наложение в масс-спектре от этого фрагментарного иона придется на ион A^{q+} с кратностью заряда $q = N$.

Из представленных в разделе 5 способов различения фрагментарных и многозарядных ионов трудно выбрать единственный, позволяющий однозначно определиться с типом частиц, приходящих на приемник ионов.

Продвижение к масс-спектрометрической проверке модели строения атома можно было бы начать с газовых МЗИ, которые кажутся наименее отягощенными присутствием кластеров. "Пилотным" экспериментом по проверке фрагментации кластеров может стать изучение (методом изотопно-разрешаемой масс-спектрометрии (п.5.2)) присутствия в газовых ИИ частиц, фрагменты которых могут быть ошибочного приняты за МЗИ. Для этого потребуется "простой" масс-спектрометр с хорошим разрешением и чувствительностью, а также изотопы легкого газа (He, N_2, O_2, Ne или др.). В случае присутствия фрагментарных пиков от полиизотопных частиц анализируемого газа в местах масс-спектра, рассчитанных для них согласно формуле (4) и не занятых многозарядными ионами, следует также ожидать наложения фрагментов от моноизотопных кластеров на сигналы МЗИ, образованные из атомов элемента этого газа. Дополнительно можно варьировать методы анализа (раздел 5), энергию ионизации, условия ввода в ИИ (газ или кластеры) и/или состав газа. Для выявления присутствия фрагментов в пучках "ободранных" ионов следует пропустить пучки голых ядер через мишени.

8.1 Выводы

Основные источники ионов (дуговые, искровые, лазерные, плазменные и т.д.) – это источники кластерной плазмы. Производство МЗИ сопровождается образованием кластеров. Это оказывается справедливым и для молекулярных кластеров, например, таких как бензол [84, 168], метанол [84], вода [80, 127], аммиак [80], угарный газ [74] и даже для фуллеренов (у которых есть ассоциаты) [133].

Понимание роли кластеров в источниках ионов необходимо для оптимизации их работы, разработки новых систем ионизации. Вероятно, следует предусмотреть снижение кластерообразования в ИИ, т.к. фрагментация кластеров дает вклад в линии масс-спектров и увеличивает фон, что приводит к повышению предела определения.

Даже в случае масс-спектрометрии однократно заряженных ионов (в высокоточных измерениях) желательно учитывать присутствие кластеров и их фрагментацию при определении изотопных соотношений или низких концентраций элементов.

Состав ионных пучков определяется первоначальным присутствием в них кластеров, а их колимирование, транспортировка, многочисленные фокусировки, отклонения, ускорения, банчировки, охлаждение и взаимодействие с мишенью приводят к дальнейшему усложнению пучков. Получается, что для оптической и/или рентгеновской спектроскопии трудно выделить чистый моноатомный пучок или пучок МЗИ с определенной кратностью заряда, без присутствия в них сложных частиц.

Производство МЗИ методом обдирки (п.7.2), оставляет немало вопросов к нынешнему объяснению этого метода ионизации. Может ли природа обдирки быть объяснена только сверхвысокими энергиями обдираемых частиц или здесь опять проявляются кластерообразование и фрагментация?

Представленный анализ обширного экспериментального материала показывает важность учета образования и фрагментации сложных частиц при интерпретации результатов масс-спектрометрических экспериментов с МЗИ.

Литература

1. J.D.Gillaspy, "Highly charged ions", J. Phys. B 34 R93 (2001), (online at: http://stacks.iop.org/JPhysB/34/R93).

2. E. Träbert, Precise atomic lifetime measurements with stored ion beams and ion traps. Can. J. Phys. 80: 1481-1501 (2002), (online at: http://cjp.nrc.ca).

3. Beam-Foil Spectroscopy. Proceedings the Second International Conference on Beam-Foil Spectroscopy. Lysekil, Sweden, 7-12 June 1970. Nuclear Instruments and Methods. A Journal on Accelerators, Instrumentations and Techniques in Nuclear Physics. V.90. December 1970. Amsterdam.

4. Е.А.Бондаренко, Э.Т.Верховцева, Ю.С.Доронин, А.М.Ратнер, "Влияние размера кластера на энергетическую релаксацию, проявляющуюся через спектры люминесценции кластеров аргона, криптона и ксенона", Изв. АН, Сер. физ., 62, 1103-1106 (1998).

5. Г.Н.Герасимов, "Оптические спектры бинарных смесей инертных газов", УФН, 174, 155-175 (2004).

6. Физика и технология источников ионов (ред. Я.Браун), Мир, Москва, 1998.

7. R.E.Marrs, S.R.Elliott, D.A.Knapp, "Production and trapping hydrogenlike and bare uranium ions in an electron beam ion trap", Phys. Rev. Lett., 72, 4082-4085 (1994).

8. Масс-спектрометрический метод определения следов, (ред. М.С.Чупахин), Мир, Москва, 1975.

9. Ю.А.Быковский, В.Н.Неволин, Лазерная масс-спектроскопия, Энергоатомиздат, Москва, 1985.

10. А.А.Пупышев, В.Т. Суриков, Масс-спектрометрия с индуктивно связанной плазмой. Образование ионов. Екатеринбург: УРО РАН, 2006. 276 с.

11. А.А.Сысоев, М.С.Чупахин, Введение в масс-спектрометрию, Атомиздат, Москва, 1977.

12. И.Жонжен, К.Линейс, "Ионные источники на электронном циклотронном резонансе", в кн. Физика и технология источников ионов (ред. Я.Браун), Мир, Москва, 223-247 (1998).

13. G.D.Shirkov, "A new approach to the interpretation of gas mixing (ion mixing) effect in the ECR ion source", Phys. Scripta, T73, 384-386 (1997).

14. R.Geller, B.Jacquot, "The multiply charged ion source Minimafios", Phys. Scripta, T3, 19-26 (1983).

15. H.Koivisto, J.Ärje, R.Seppälä, M.Nurmia, "Production of titanium ion beams in an ECR ion source", Nucl. Instr. Meth. B, 187, 111-116 (2002).

16. H.Koivisto, J.Ärje, H.Nurmia, "Metal ion beams from an ECR ion source using volatile compounds", Nucl. Instr. Meth. B, 94, 291-296 (1994).

17. Koivisto H et al., In Proc. of the 13th Int. Workshop on Electron Cyclotr. Res. Ion Source (February 26-28, TAMU, College Station,1997) p. 167.

18. T.Nakagawa, J.Ärje, Y.Miyazawa, M.Hemmi, T.Chiba, N.Inabe, M.Kase, T.Kageyama, O.Kamigaito, M.Kidera, A.Goto, Y.Yano, "Production of intense beams of highly charged metallic ions from RIKEN 18 GHz electron cyclotron resonance ion source", Rev. Scien. Instrum., 69, 637-639 (1998).

19. Б.Гавин, "Ионные PIG-источники", в кн. Физика и технология источников ионов (ред. Я.Браун), Мир, Москва, 180-201 (1998).

20. E.D.Donets, "The electron beam method of production of highly charged ions and its applications", Phys. Scripta, T3, 11-18 (1983).

21. J.W.McDonald, R.W.Bauer, D.H.G.Schneider, "Extraction of highly charged ions (up to 90^+) from a high-energy electron-beam ion trap", Rev. Scien. Instrum., 73, 30-35 (2002).

22. Online at: http://physics.nist.gov/MajResFac/EBIT/main.html.

23. T.Werner, G.Z.Schornack, F.Gorossmann, V.P.Ovsyannikov, F.Ullmann, 'The Dresden EBIT: An ion source for materials research and technological application of low-energy highly charged ions", Nucl. Instrum. Meth. B, 178, 260-264 (2001).

24. J.Faure, B.Feinberg, A.Courtois, R.Gobin, "External ion injection into CRYEBIS", Nucl. Instrum. Meth., 219, 449-455 (1984).

25. I.G.Brown, J.E.Galvin, R.A.MacGill, R.T.Wright, "Miniature high current metal ion source", Appl. Phys. Lett., 49, 1019-1021 (1986).

26. S.B. Utter, P. Beiersdorfer, and E. Träbert, Electron-beam ion-trap spectra of tungsten in the EUV. Can. J. Phys. 80: 1503–1515 (2002), (online at: http://cjp.nrc.ca).

27. S.B. Utter P. Beiersdorfer, J. R. Crespo Lo´pez-Urrutia and, E. Träbert, EBIT Implementation of a normal incidence spectrometer on an electron beam ion trap, Rev. scien. Instr., V.70, № 1, 288 – 291 1999.

28. В.П.Крайнов, М.Б.Смирнов, "Эволюция больших кластеров под действием ультракороткого сверхмощного лазерного импульса", УФН 170, 969-990 (2000).

29. Н.Б.Делоне, В.П.Крайнов, Нелинейная ионизация атомов лазерным излучением, ФИЗМАТЛИТ, Москва, 2001.

30. Я.Браун, "Ионный источник с вакуумной дугой в парах металла", в кн. Физика и технология источников ионов (ред. Я.Браун), Мир, Москва, 358-381 (1998).

31. I.G.Brown, B.Feinberg, J.E.Galvin, "Multiply stripped ion generation in the metal vapor vacuum arc" J. Appl. Phys., 63, 4889 1988

32. D.Shcneider, D.DeWitt, M.W.Clark & ath."Ion-collision experiments with slow, very highly charged ions extracted from an electron-beam ion trap", Phys. Rev. A, 42, 3889-3895 (1990).

33. С.Хамфриз, мл., К.Буркхарт, Л.Лен, "Ионные источники импульсных высокоинтенсивных пучков", в кн. Физика и технология источников ионов (ред. Я.Браун), Мир, Москва, 429-455 (1998).

34. S.Takagi S.Ohtani, K.Kadota, J.Fujita, "Collision experiment on highly ionized ions using a vacuum spark source", Nucl. Instrum. Meth., 213, 539-544 (1983).

35. М.Ф.Артамонов, В.И.Красов, В.Л.Паперный, "Регистрация ускоренных многозарядных ионов из катодной струи вакуумного разряда", ЖЭТФ, 120, 1404-1410 (2001).

36. 170 A.Bogaerts, R.Gijbels, "New developments and applications in GDMS", Fresenius J. Anal Chem., 364, 367-375 (1999).

37. В. Хофер, "Распределения распыленных частиц по углам, энергиям и массам", в кн. Распыление под действием бомбардировки частицами. Выпуск III., (ред. Р Бериш, К Виттмак), Мир, Москва, 87 – 136 (1998).

38. R.L.Watson, R.J.Maurer, "Time-of-flight analysis of dissociation products from collisions of 40 MeV Ar^{13+} with molecular oxygen", Nucl. Instrum. Meth. A, 262, 99-105 (1987).

39. C.L.Cocke, "Production of highly charged low-velocity recoil ions by heavy-ion bombardment of rare-gas targets", Phys. Rev. A, 20, 749-758 (1979).

40. S.Kelbch, J.Ullrih, R.Mann, P.Richard, H.Schmidt-Bocking, "Cross sections for the production of highly charged argon and xenon recoil ions in collisions with high-velocity uranium projectiles", J. Phys. B, 18, 323-336 (1985).

41. T.Tonuma, H.Shibata, S.H.Be, H.Kumagai, M.Kase, T.Kambara, I. Kohno, "Production of highly charged slow Ar ions recoiled in 1.05-MeV/amu Ne^{q+} (q=2,7–10) and Ar^{q+} (q=4,6,10–14) -ion bombardment", Phys. Rev. A, 33, 3047-3053 (1986).

42. R.J.Maurer, C.Can, R.L.Watson, Ionization and fragmentation of some simple molecules in collisions with 40 MeV Ar^{13+} ions", Nucl. Instrum. Meth. B, 27, 512-518 (1987).

43. H.Tawara, T.Tonuma, T.Matsuo, & ath. "Multiply atomic ions produced through Coulomb explosions in heavy ion impact", Nucl. Instrum. Meth. A, 262, 95-98 (1987).

44. К.Долдер, "Измерение сечений неупругих электрон-ионных и ион-ионных столкновений", в кн. Физика ион-ионных и электрон-ионных столкновений (ред. Ф.Брауэр, Дж.Мак-Гоуэн), Мир, Москва, 267 - 288 (1986).

45. H.Tawara, V.P.Shevelko, "Multiple ionization of negative and positive ions, neutral atoms, and molecules, under electron impact: data and databases", Int. J. Mass Spectrom., 192, 75-85 (1999).

46. В.П.Ковалев, Эффективный заряд иона, Энергоатомиздат, Москва, 1991.

47. N.Claytor, B.Feinberg, H.Gould, C.E.Bemis, Jr., J.G.del Campo, C.A.Ludemann, C.R.Vane, "Electron impact ionization of U^{88+} - U^{91+}", Phys. Rev. Lett., 61, 2081-2084 (1988).

48. M.Guilhaus, A.G.Brenton, J.H.Beynon, M.Rabrenović, P von R.Schleyer, "First observation of He_2^{2+}: charge stripping of He_2^+ using a double-focusing mass spectrometer", J. Phys. B, 17, L605-L610 (1984).

49. А.В.Бакалдин, С.А.Воронов, С.В.Колдашов, В.П.Шевелько, "Обдирка быстрых ионов кислорода при столкновениях с атомами легких элементов", ЖТФ, 70, 17-23 (2000).

50. C.J.Porter, C.J.Proctor, T.Ast, J.H.Beynon, "Charge-stripping spectra of monatomic ions", Int. J. Mass Spectrom. Ion Phys., 41, 265-276 (1982).

51. Г.Н. Макаров, Экстремальные процессы в кластерах при столкновении с твердой поверхностью, УФН, т. 176, № 2, 2006, 121 – 172.

52. Г.Н. Макаров, Кластерная температура. Методы ее измерения и стабилизации, УФН, Т.178, № 4, 2008, 337-376.

53. Б.М.Смирнов, Комплексные ионы, Наука, Москва, 1983.

54. S.Sugano, Microclaster Physics, Springer-Verlag, Berlin, 1991.

55. Б.М.Смирнов, "Генерация кластерных пучков", УФН, 173, 609-648 (2003).

56. Б.М.Смирнов, "Процессы в кластерной плазме и кластерных пучках", Письма в ЖЭТФ, 68, 741-746 (1998).

57. Б.М.Смирнов, "Свойства кластерной плазмы", ТВТ, 34, 512-518 (1996).

58. Ю.И.Петров, Кластеры и малые частицы, Наука, Москва, 1986.

59. Г.А.Месяц Эктоны в вакуумном разряде: пробой, искра дуга, Наука, Москва, 2000.

60. P.Milani, W.A.deHeer, "Improved pulsed laser vaporization source for production of intense beams of neutral and ionized clusters", Rev. Scien. Instrum., 61, 1835-1838 (1990).

61. Б.Н.Козлов, Б.А.Мамырин, "Масс-спектрометрический анализ кластеров, образующихся при лазерном распылении образца", ЖТФ, 69, 81-84 (1999).

62. C.Lüder, E.Georgiou, M.Velegrakis, "Stadies on the production and stability of large C_N^+ and $M_x^+R_N$ (M = C, Si, Ge and R = Ar, Kr) clusters, Int. J. Mass Spectrom. Ion Proc., 153, 129-138 (1996).

63. N.R.Walker, G.A.Grieves, J.B.Jaeger, R.S.Walters, M.A.Duncan, "Generation of "unstable" doubly charged metal ion complexes in a laser vaporization cluster source", Int. J. Mass Spectrom., 228, 285-295 (2003).

64. Б.М.Смирнов, "Кластерная плазма", УФН, 170, 495-534 (2000).

65. В.И.Матвеев, "Распределения кластеров по зарядам и размерам при ионном распылении металла", ЖТФ, 72, 115-119 (2002).

66. И.В.Веревкин, С.В.Верхотуров, А.М.Гольденберг, Н.Х.Джемилев, "Исследование спектров энергий распада рыспыленных кластерных ионов", Изв. АН Сер. физ., 58 57-61 (1994).

67. И.А.Войцеховский, М.В.Медведева, В.Х.Ферлегер, "Ионизация и фрагментация кластеров, распыленных с поверхности металла ускоренными ионами", ЖТФ, 67, 1-5 (1997).

68. С.Ф.Белых, В.И.Матвеев, У.Х.Расулев и др. "Эффект аномально высокой неаддитивности распыления металла в виде многоатомных кластерных ионов при бомбардировке молекулярными частицами", Изв. АН, Сер. физ., 62, 813-820 (1998).

69. R.N.Varney, Phys. Rev., "Equilibrium Constant and Rates for the Reversible Reaction $N_4^+ \rightarrow N_2^+ + N_2$", 174, 165-172 (1968).

70. Э.И.Асиновский, А.В.Кириллин, А.А.Раговец, Криогенные разряды, Энергоатомиздат, Москва, 1988.

71. R.A.Gerber, M.A.Gusinow, "Helium ions at 76 °K: their transport and formation properties", Phys. Rev. A, 4, 2027-2033 (1971).

72. M.Foltin, M.Lezius, P.Scheier, T.D.Märk, "On the unimolecular fragmentation of C_{60}^+ fullerene ions: The comparison of measured and calculated breakdown patterns", J. Chem. Phys., 98, 9624-9634 (1993).

73. T.Leisner, O.Echt, O.Kandler, X.-J.Yan, E.Recknagel, "Quantum effects in the decomposition of nitrogen cluster ions", Chem. Phys. Lett., 148, 386-392 (1988).

74. K-M.Weitzel, J.Mähnert, "The binding energies of small Ar, CO and N_2 cluster ions", Int. J. Mass Spectrom., 214, 175-212 (2002).

75. M.Aydin, J.R.Lombardi, "Multiphoton fragmentation spectra of zirconium and niobium cluster cations", Int. J. Mass Spectrom., 235, 91-96 (2004).

76. K.Hiraoka, "A determination of the stabilities of O_2^+ $(O_2)_n$ and O_2^- $(O_2)_n$ with n=1–8 from measurements of the gas-phase ion equilibria", J. Chem. Phys., 89, 3190-3194 (1988).

77. S.H.Linn, Y.Ono, C.Y.Ng, "A study of the ion–molecule half reactions O_2^+ $(\tilde{a}^4\Pi_{u}, v) \cdots (O_2)_m \rightarrow (O_{2m+1})^+ + O$, $m = 1, 2,$ or 3, using the molecular beam photoionization method", J. Chem. Phys, 74, 3348-3352 (1981).

78. R.Parajuli, S.Matt, A.Stamatovic, T.D.Märk, P.Scheier, "Unimolecular dissociation of non-stoichiometric oxygen cluster ions O_n^{+*} (n = 5, 7, 9, 11): a switch from O_3 to O_2 loss above cluster size n = 5", Int. J. Mass Spectrom., 220, 221-230 (2002).

79. S.Schütte, U.Buck, "Strong fragmentation of large gas clusters by high energy electron impact", Int. J. Mass Spectrom., 220, 183-192 (2002).

80. Bobbert C, S.Schütte, C.Steinbach, U.Buck, "Fragmentation and reliable size distributions of large ammonia and water clusters", Eur. Phys. J. D, 19, 183-192 (2002).

81. А.А.Полякова, Молекулярный масс-спектральный анализ органических соединений, Химия, Москва, 1983.

82. Н.Н.Туницкий, Р.М.Смирнова, М.В.Тихомиров, "О "дробных" пиках в масс-спектре водорода", ДАН СССР, 101, 1083-1084 (1955).

83. Б.А.Калинин, В.Е.Атанов, О.Е.Александров, "Метастабильные ионы в масс-спектре гексафторида урана", ЖТФ, 72, 135-137 (2002).

84. J.Geiger, E.Rühl, "Fission mechanism of doubly charged organic molecular clusters", Int. J. Mass Spectrom., 220, 99-110 (2002).

85. J.Jin, H.Khemliche, M.H.Prior, Z.Xie, "New highly charged fullerene ions: Production and fragmentation by slow ion impact", Phys. Rev. A, 53, 615-618 (1996).

86. J.R. Stairs, T.E. Dermota, E.S. Wisnewski, A.W. Castleman Jr., "Calculation to determine the mass of daughter ions in metastable decay, Int. J. Mass Spectrom., 213 81 – 89 (2002).

87. K.Sattler, J.Mühlbach, O.Echt, P.Pfau, E.Recknagel, "Evidence for CoulombExplosion of Doubly Charged Microclusters", Phys. Rev. Lett., 47, 160-163 (1981).

88. P.Scheier, G.Walder, A.Stamatovic, T.D.Märk, "Critical appearance size of doubly charged Xe clusters revisited", J. Chem. Phys., 90, 4091-4094 (1989).

89. P.Scheier, T.D.Märk, "Observation of the septuply charged ion C_{60}^{7+} and its metastable decay into two charged fragments via superasymmetric fission", Phys. Rev. Lett., 73, 54-57 (1994).

90. Р.Тауберт, "Кинетические энергии осколочных ионов", в кн. Успехи масс-спектрометрии, том 1, (ред. Д.Д.Уолдрон), ИЛ, Москва 482-495 (1963).

91. C.E.Klots, J.Polach, "Unimolecular Reactions in a Spherically Symmetric Potential. 3. Lifetimes of Collision Complexes", J. Phys. Chem., 99, 15396-15399 (1995).

92. T.Ditmire, E.Springate, J.W.G.Tisch, Y.L.Shao, M.B.Mason, N.Hay, J.P.Marangos, M.H. R.Hutchinson, "Explosion of atomic clusters heated by high-intensity femtosecond laser pulses", Phys. Rev. A, 57, 369-382 (1998).

93. Clasters of atoms and molecules, (Ed. H.Haberland), Springer, Berlin, 1994. R.G.Cooks, J.H.Beynon, R.M.Caprioli, G.R.Lester, Metastable ions, Elsevier, Amsterdam, 1973.

94. S.Matt, M.Sonderegger, R.David, O.Echt, P.Scheier, J.Laskin, C.Lifshitz, T.D.Märk, "Kinetic energy release for metastable fullerene ions", Int. J. Mass Spectrom., 185/186/187, 813-823 (1999).

95. P.Scheier, B.Dünser, T.D.Märk, "Charge separation processes of multiply-charged fullerene ions C_{60-2m}^{z+}, with $0 \leq m \leq 7$ and $3 \leq z \leq 7$", J. Phys. Chem., 99, 15428-15437 (1995).

96. C.Lifshitz, M.Iraqi, T.PeresJ. E.Fischer, "The reactivity of C_{60}^+ and C_{60}^{2+}", Int. J. Mass Spectrom. Ion Proc., 107, 565-569 (1991).

97. R.G.Cooks, J.H.Beynon, R.M.Caprioli, G.R.Lester, Metastable ions, Elsevier, Amsterdam, 1973.

98. S.Matt, J.Echt, R.Wörgötter, P.Scheier, C.E.Klots, T.D.Märk, "Relative dissociation energies of singly and doubly charged fullerene ions, C_n^{z+}, for n = 52 to 70", Int. J. Mass Spectrom. Ion Proc., 167/168, 753-759 (1997).

99. T.Drewello, K.D.Asmus, J.Stach, R.Herzschuh, M.Kao, C.S.Foote, "Carbon (C_{60}) as model compound for large carbon cluster ion evaporations", J. Phys. Chem., 95, 10554-10557 (1991).

100. P.E.Barran, S.Firth, A.J.Stace, H.W.Kroto, K.Hansen, E.E.B.Campbell, "Stability of carbon clusters C_N for $46 \leq N \leq 102$", Int. J. Mass Spectrom. Ion Proc., 167/168, 127-133, (1997).

101. E.Rutherford, H.Geiger, "An electrical method of counting the number α-particles from radio-active substances. Charge and nature of α-particles", Proc. Poy. Soc. A, 81, 141-173 (1908).

102. F.Aumayr, M.Vana, HP.Winter, H.Drexel, V.Grill, G.Senn, S.Matt, P.Scheier, T.D.Märk, "Distinction between multicharged fullerene ions and their fragment ions with equal charge-to-mass", Int. J. Mass Spectrom. Ion Phys., 163, 9L-14L (1997).

103. F.Biasioli, T.Fiegele, C.Mair, G.Senn, S.Matt, R.David, M.Sonderegger, A.Stamatovic, P.Scheier, T.D.Märk, "Spontaneous and induced dissotiation of singly and multiply chaged fullerene ions", Int. J. Mass Spectrom., 192, 267-280 (1999).

104. E.Salzborn, W.Groh, A.Müller, A.S.Schlachter, "Transfer ionization in collisions between multiply charged ions and atoms at keV energies", Phys. Scripta, T3, 148-152 (1983).

105. Е.Д.Донец, В.И.Ильющенко, В.А.Альперт, "Получение ионов высокой зарядности в сверхвысоковакуумном электроннолучевом источнике", Препринт Р7–4469 , ОИЯИ, Дубна, 1969.

106. М.Ф.Артамонов, В.И.Красов, В.Л.Паперный, "Регистрация ускоренных многозарядных ионов из катодной струи вакуумного разряда", ЖЭТФ, 120, 1404-1410 (2001).

107. A.vanDeursen, J.Reuss, "Measurements of intensity and velocity distribution of clusters from a H_2 supersonic nozzle beam", Int. J. Mass Spectrom. Ion Phys., 11, 483-489 (1973).

108. А.А.Дорожкин, А.П.Коварский, А.В.Ли-Фату, "Отрицательные водородсодержащие ионы в масс-спектрах вторично-ионной эмиссии ниобия и тантала", Изв. АН, Сер. физ., 156, 106-109 (1992).

109. T.Schlathölter, M.W.Newman, T.R.Niedermayer, G.A.Machicoane, J.W.McDonald, T.Shenkel, R.Hoekstra, A.V.Hamza, "Hydrogenated carbon clusters produced by highly charged ion impact on solid C_{84}", Eur. Phys. J. D, 12, 323-327 (2000).

110. R.M.Papaléo, P.Demirev, J.Eriksson, P.Håkansson, B.U.R. Sundqvist, "Low-mass secondary-ion ejection from molecular solids by MeV heavy ions: Radial velocity distributions", Phys. Rev. B, 54, 3173-3183 (1994).

111. Н.Ф.Гольдшлегер, А.П.Моравский, "Гидриды фуллеренов: получение, свойства, структура", Успехи химии, 66, 353-375 (1997).

112. H. P.Winter, H.Eder, F.Aumayr, "Kinetic electron emission in the near-threshold region studied for different projectile charges", Int. J. Mass Spectrom., 192, 407-413 (1999).

113. R.K.Boyd, C.J.Porter, J.H.Beynon, "Linked-scan lows to detect fragmentations in the second field-free region of a double-focussing mass spectrometer", Int. J. Mass Spectrom. Ion Phys., 44, 199-214 (1982).

114. S.Howells, A.G.Brenton, J.H.Beynon, R.P.Morgan, "A detailed study of the effect of instrumental parameters on the shape of a MIKE peak", Int. J. Mass Spectrom. Ion Phys., 32, 35-51 (1979).

115. J.L.Holmes, A.D.Osborne, G.M.Weese, "Metastable ion studies II. Computer assisted interpretation of the shapes of metastable peaks", Int. J. Mass Spectrom. Ion Proc., 19, 207-218 (1976).

116. B.A.Rumpf, P.J.Derrick, "Determination of translational energy release distributions through analysis of metastable peaks", Int. J. Mass Spectrom. Ion Proc., 82, 239-257 (1988).

117. P.Scheier, G.Senn, S.Matt, T.D.Märk, "First direct observation and identification of the smaller fragment ion in a metastable asymmetric charge separation reaction", Int. J. Mass Spectrom. Ion Proc. 172 L1-L6 (1998).

118. Е.Д.Донец, "Ионные источники с электронным пучком", в кн. Физика и технология источников ионов (ред. Я.Браун), Мир, Москва, 267-304 (1998).

119. G.Clausnitzer, H.Klinger, A.Müller, E.Salzborn, "An electron beam ion source for the production of multiply charged heavy ions", Nucl. Instrum. Meth., 128, 1-7 (1975).

120. K.Gluch, P.Scheier, W.Schustereder, T.Tepnual, L.Feketeova, C.Mair, S.Matt-Leubner, A.Stamatovic, T.D.Märk, "Cross sections and ion kinetic energies for electron impact ionization of CH_4", Int. J. Mass Spectrom., 228, 307-320 (2003).

121. М.Месси, Отрицательные ионы, Мир, Москва,1979.

122. B.A. Mamyrin, Time-of-flight mass spectrometry (concepts, achievements, and prospects), Int. J. Mass Spectrom., 206 (2001), 251 – 266.

123. D.Mathur, V.R. Bhardwaj, C.P.Safvan, F.A.Rajgara, "D_2^{2+} dication as a probe of spatial alignment of D_2 molecules in intense laser light", Int. J. Mass Spectrom., 192, 367-377 (1999).

124. S.Badiei, L.Holmlid, "Rydberg Matter of K and N_2: angular dependence of time-of-flight for neutral and ionized clusters formed in Coulomb explosions", Int. J. Mass Spectrom., 220, **127**-136 (2002).

125. H.Shiromaru, K.Kobayashi, M.Mizutani, M.Yoshino, T.Mizogawa, Y.Achiba, N.Kobayashi, "An apparatus for position sensitive TOF measurements of fragment ions produced by Coulomb explosion", Phys. Scripta, T73, 407-409 (1997).

126. V.A.Batalin, J.N.Volkov, T.V.Kulevoy, S.V.Petrenko, "Vacuum arc ion source for the ITEP RFQ accelerator", Rev. Scien. Instrum., 65, 3104-3108 (1994).

127. E.S.Wisnievski, J.R.Stairs, A.W.Castleman, Jr., "A new time-of-flight gaiting method for analyzing kinetic energy release in Coulomb exploded clusters: applications to water clusters", Int. J. Mass Spectrom., 212, 273-286 (2001).

128. C.R.Porciano, F.E.Ávalos, A.Rentería, E.F.da Silveira, "Analysis of metastable decay by time-of-flight coincidence and kinetics energy measurements", Int. J. Mass Spectrom., 209, 197-208 (2001).

129. A.Brunelle, S.Della-Negra, J.Depauw, H.Joret, Y.LeBeyec, "Time-of-flight mass spectrometry with a compact two-stage electrostatic mirror: Metastable-ion studies with high mass resolution and ion emission from thick insulators", Rapid Commun. Mass Spectrom., 5, 40-43 (1991).

130. X.Tang, R.Beavis, W.Ens, F.Lafortune, B.Schueler, K.G.Standing, "A secondary ion time-of-flight mass spectrometer with an ion mirror", Int. J. Mass Spectrom. Ion Proc., 85, 43-67 (1988).

131. H.J.Neusser, "Multi-photon mass spectrometry and unimolecular ion decay", Int. J. Mass Spectrom. Ion Proc., 79, 141-181 (1987).

132. B.Spengler, "Post-source decay analysis in matrix-assisted laser desorption/ionization mass spectrometry of biomolecules", J. Mass Spectrom., 32, 1019-1036 (1997).

133. M.P.Barrow, T.Drewello, "Significant interferences in the post source decay spectra of ion-gated fullerene and coalesced carbon cluster ions" Int. J. Mass Spectrom., 203, 111-125 (2000).

134. R.D.Beck, P.Weis, G.Bräuchle, M.M.Kappes, "Mechanistic aspects of fullerene coalescence upon ultraviolet laser desorption from thin films", J. Chem. Phys., 100, 262-270 (1994).

135. K.Hansen, O.Echt, "Thermoionic Emission and Fragmentation of C_{60}", Phys. Rev. Lett., 78, 2337-2340 (1997).

136. S.F.Cartier, B.D.May, A.W.Castleman,Jr, "The delayed ionization and atomic ion emission of binary metal metallocarbohedrenes

$Ti_xM_yC_{12}$ (M=Zr, Nb; $0 \lessapprox y \lessapprox 4$; x+y=8)", J. Chem. Phys., 104, 3423-3432 (1996).

137. H.U.Poll, V.Grill, S.Matt, N.Abramzon, & ath. " Kinetic energies of ions produced dissociative electron impact ionization of propane", Int. J. Mass Spectrom., 177, 143-154 (1998).

138. T.D.Märk, G.H.Dunn, Electron Impact Ionization, Springer–Verlag, Vienna, 1985.

139. П.Е.Беленсов, УФН, 174, 221(2004).

140. А.Е.Дубинов, И.Ю.Корнилова, В.Д.Селемир, УФН, 172, 1225-1246 (2002).

141. Л.Суонсон, А.Белл, "Жидкометаллические ионные источники", в кн. Физика и технология источников ионов (ред. Я.Браун), Мир, Москва, 339-357 (1998).

142. Г.Г.Сихарулидзе, ЖТФ, 67, 82-87 (1997).

143. D.Zhang, R.G.Cooks, Int. J. Mass Spectrom., 195/196, 667 2000.

144. M.Karas, D.Bachmann, U.Bahr, F.Hillenkamp, "Matrix-assisted ultraviolet laser desorption of non-volatile compounds", Int. J. Mass Spectrom. Ion Proc., 78, 53-68 (1987).

145. Г.И.Беков, А.А.Бойцов, М.А.Большов, и др. Спектральный анализ чистых веществ, Химия, Санкт-Петербург, 1994.

146. Inductively Coupled Plasmas in Analytical Atomic Spectrometry, (Eds. A.Montaser, D.W.Golightly), VCH Publishers, New York 1992.

147. J.A.C.Broekaert, Analytical Atomic Spectrometry with Flames and Plasmas, Wiley-VCH Verlag GmbH & Co, Weinheim, (FRG), 2002.

148. Р.Хьюз, Р.Андерсон, "Лазерные источники ионов", в кн. Физика и технология источников ионов (ред. Я.Браун), Мир, Москва, 323-338 (1998).

149. Б.Г.Атабаев, Ш.С.Раджабов, Н.Г.Саидханова, "Эмиссия многозарядных ионов с кристаллов KCl, KBr, LiF при электронном облучении", Изв. АН, Сер. физ., 62, 1935-1938 (1998).

150. N.F.Zahran, A.I.Helal, M.A.Amr& ath."Formation of polyatomic ions from the skimmer cone in the inductively coupled plasma mass spectrometry", Int. J. Mass Spectrom., 226, 271-278 (2003).

151. В.П.Вадеев и др., "Применение электронно-лучевого источника "КРИОН-1" для ускорения ядер C, N, O и Ne на синхрофазатроне", Препринт Р7–10823, ОИЯИ, Дубна, 1977.

152. S. Ohtani, Recent Activities at NICE Nagoja, Phis. Scripta., T3 110-114 (1983).

153. Б.М.Смирнов, "Процессы в плазме и газах с участием кластеров", УФН, 167, 1169-1200 (1997).

154. I.H.Hiller, M.F.Guest, A.Ding, J.Karlau, J.Weise, "The potential energy curves of ArC⁺", J. Chem. Phys., 70, 864-869 (1979).

155. Л.И. Курлапов, "Кластерная модель газа", ЖТФ, 73, 51-55 (2003).

156. Л.И. Курлапов, "Мезоскопия кластерных газов". Стр. 136 – 139, ЖТФ, 2005, т.75, вып.7.

157. M.Drewsen, I.Jensen, J.Lindballe, N.Nissen, R.Martinussen, A.Mortensen, P.Staanum, D.Voigt, "Ion Coulomb crystals: a tool for studying ion processes", Int. J. Mass Spectrom., 229, 83-91 (2003).

158. З.З.Латыпов, С.Е.Куприянов, Н.Н.Туницкий, "Ионизационные столкновения электронов с ионами и атомами", ЖЭТФ, 46 833 1964

159. Н.А.Капцов, Электрические явления в газах и вакууме, Гостехтеорлит, Москва, 1950.

160. А.Холмс, "Транспортировка пучка", в кн. Физика и технология источников ионов (ред. Я.Браун), Мир, Москва, 68-117 (1998).

161. J.M.McCrea, Int. J. Mass Spectrom. Ion Phys., 5, 381-386 (1970).

162. R.Keller, "Multicharged ion production with MUCIS", GSI Scientific rep., Darmstadt, 385-387 (1987).

163. Billebaud, D. Dauvergne, M. Fallavier, & ath. Secondary electron emission from thin carbon foils under hydrogen cluster impact. Nucl. Instrum. Meth. B 112 (1996) Pages 79 - 82.

164. R.W.Hasse, M.Steck, "Ordered ion beams", Proceedings of EPAC 2000, Vienna, (Austria), p. 274-276.

165. E.N.Dementev, N.S.Dikansky, A.S.Medvedko, V.V.Parhomchuk, D.V.Pestrrikov, Sov. Phys. Tech. Phys., 25, 1001-1009 (1980).

166. J.P.Shiffer, P.Kienle, Z. Phys. A, 321, 181-186 (1985).

167. In Proc. Workshop on Crystalline Ion Beams (Eds. R.W.Hasse, I.Hofmann, D.Liesen), GSI-Report GSI89-10, Darmstadt, (1989).

168. M.Y.Hahn, K.E.Schriver, R.L.Whetten, "Multiple ionization of benzene clusters by ultraviolet radiation", J. Chem. Phys., 88, 4242-4251 (1988).

Серия: ХИМИЯ

Шатов В.В.

О дискретности электрических зарядов в химии

Аннотация

Понятие дискретной структуры электричества изначально базируется на электрохимических экспериментах и непосредственно связано с моделью строения атома: ионы, согласно этой модели, являются носителями элементарных электрических зарядов.

Анализ обоснованности использования зарядовых чисел ионов и чисел электронов в уравнениях и формулах химии, представленный в работе, показывает, что дискретность электрических зарядов не следует из электрохимических экспериментов и законов электролиза и можно обойтись без привлечения в химию элементарных электрических зарядов.

Установление истинной природы ионов позволит оценить степень участия электронов в химической связи и химических процессах.

Полученный результат приводит к необходимости выяснения природы многократно заряженных ионов в плазме и вызывает потребность в разработке методов проверки модели атома.

Оглавление

"Так как внутреннее строение тел выведывает главным образом химия, то без нее труден, даже невозможен доступ к их глубинам и тем самым к раскрытию истинной причины электричества".

М. В. Ломоносов

1. Введение

Экскурс в историю роли электричества в химии показывает, что установление структуры атомов и молекул, понимание природы химической связи, механизмов химических реакций начинается с открытия электрона. К электрону как фундаментальной частице пришли после почти трехсотлетней дискуссии о природе электричества. Схематично этапы этого пути можно представить в виде последовательности: Г. Гельмгольц, основываясь на законах электролиза М. Фарадея, высказал предположение об атомах электричества, Дж. Стоней предложил понятие "электрон", Дж. Дж. Томсон открыл электроны в катодных лучах, а Р. Милликен точно измерил величину элементарного заряда.

Фарадей экспериментально определил количество электричества, связанное с грамм-эквивалентом вещества и нашел число, послужившее одним из оснований для введения в физику понятия элементарного электрического заряда, представления о дискретности электричества. Основываясь на работах по электролизу, Фарадей делает судьбаносный для химии вывод: обычное химическое сродство является лишь простым следствием электрических притяжений различных по природе частиц материи.

Частицы с элементарными электрическими зарядами в химии фигурируют в виде ионов и электронов; также используется понятие степени окисления (окислительного числа) – условного электростатического заряда атома; эффективного заряда атома. Дискретность электронов в атоме (или молекуле), заложенная в модель строения атома, наиболее явно выражена в понятии многократно заряженного иона (МЗИ) как частицы, имеющей недостаток (или избыток) сразу нескольких электронов.

В законах электролиза и химических уравнениях в качестве показателя дискретной структуры электричества: количества участвующих в реакции электронов или зарядовых чисел ионов, используется коэффициент "z" (иногда n или другой символ). Зарядовое число z_i – это число элементарных электрических зарядов e ($e = 1.6 \cdot 10^{-19}$ Кл), составляющих заряд i-го иона, с учетом знака. (Термин "зарядовое число" следует отличать от термина "заряд иона", который определяется как произведение: $z_i \cdot e$).

Далее в статье для обозначения модуля зарядового числа иона и степени окисления или количества участвующих в реакции электронов (а также для чисел, таких как: валентность, разность степеней окисления, применяемых, наряду с электронами, при вычислении химических эквивалентов) будет использован символ "z".

Задачей данной работы является оценка обоснованности интерпретации числа "z" как показателя дискретности электрического заряда иона или количества участвующих в реакции электронов и приведение доказательств неадекватности данных представлений. Установление природы числа "z" позволит продвинуться в понимании вопроса: "насколько дискретные электроны атомов и молекул ответственны за химическую связь и химические превращения".

Перечисление фактов, на основании которых можно подвергнуть сомнению адекватность представления "z" как зарядового числа иона или количества участвующих в реакции электронов, начнем с работы Г. Герца [1]. В ней область знания, возникшая на стыке электрофизики и химии, описывается без привлечения понятия электрического заряда, так как "надобности в понятии электрического заряда не возникает, и оно не вводится". Фундаментальные положения равновесной электрохимии Г. Герц выводит без использования понятия "ион", соответственно, основные уравнения равновесной электрохимии даются без введения понятия заряда частиц, составляющих растворы.

Принято считать, что в окислительно-восстановительных (редокс) процессах происходит изменение степени окисления атомов, входящих в состав реагирующих веществ, и электроны перемещаются от одних атомов, молекул или ионов, к другим. Однако степень окисления является формальной характеристикой, а утверждение, что редокс реакции протекают с присоединением или потерей электронов не соответствует реальным механизмам реакций. Такая модель переноса электронов просто удобна для определения изменения степеней окисления, для нахождения стехиометрических коэффициентов и для интерпретации природы редокс реакций с позиции учения окислительно-восстановительных потенциалов.

Экспериментальные методы определения "заряда" ионов в растворах электролитов сводятся к нахождению стехиометрических коэффициентов соединений. Например, с помощью молекулярной спектроскопии для определения "зарядов" комплексных ионов используют значения стехиометрических коэффициентов, найденных по одному из методов определения состава комплекса, например: измеряют изменение оптической плотности раствора после изменения концентрации компонентов. В электрохимии поступают аналогичным образом, только состав комплексного иона определяют, измеряя потенциалы электрохимической ячейки после изменения концентраций компонентов системы. В этих случаях речь может идти об определении составов комплексов, но не зарядов ионов.

Экспериментальное и теоретическое исследование твердых тел показывает, что передачи электронов от одних групп атомов к другим не происходит. Так, эффективные заряды ионов близки к номинальным (равным степени окисления) только для галогенидов; для оксидов заряд иона кислорода близок к "– 1", а для халькогенидов и прочих элементов он существенно меньше единицы [2]. Рентгеноспектральный анализ для атома кислорода, входящего в состав самых различных соединений, также дает эффективный заряд иона около минус единицы. Левин, Сыркин и Дяткина [2], применив решение уравнения Шредингера для электронов, локализованных на ионах кислорода в кристалле, оценили глубину его потенциальной ямы в зависимости от заряда иона. Оказалось, что глубина довольно быстро уменьшается с ростом абсолютного значения эффективного заряда иона и при его значении порядка "1.2" обращается в нуль. На этом основании авторы приходят к выводу, что двухзарядные ионы элементов неметаллов, по-видимому, вообще не существуют в природе.

Для полуэмпирической оценки эффективных зарядов привлекаются термохимические свойства, дипольные моменты молекул, диамагнитная восприимчивость, диэлектрические, пьезоэлектрические, упругие константы, рефракция, термическое расширение, ИК-спектры поглощения и отражения, химические сдвиги в рентгеновских спектрах поглощения и испускания и спектрах рентгеновских фотоэлектронов, константы сверхтонкой структуры спектров электронного парамагнитного резонанса и ядерного квадрупольного резонанса, химические сдвиги в мессбауэровских спектрах, время аннигиляции позитронов. При этом эффективные заряды ионов, определяемые как точными рентгеноструктурными, так и полуэмпирическими методами никогда не бывают цельнократными заряду электрона и не так часто превышают значений ± 2.

Из работ Г. А. Месяца [3] следует, что эмиссию электронов из вещества можно объяснить без привлечения фундаментальных дискретных частиц, т. к. в электрических разрядах электроны испускаются не элементарными частицами, а отдельными порциями – эктонами.

Почти все элементарные частицы обладают электрическим зарядом e^+ или e^- (или незаряжены). На сегодняшний день природа такого "квантования" электрического заряда не ясна.

Р. Милликен в экспериментах по измерению элементарного электрического заряда [4] (используя капли масла и ртути, заряжаемые в различных газах и парах) не обнаружил ионов с зарядом большим единицы и сделал вывод, что "им и другими исследователями получены прямые и безошибочные доказательства того, что акт ионизации молекул газа рентгеновскими, β- и γ-лучами при всех условиях эксперимента состоит в вырывании одного и только одного элементарного электрического заряда". Аналогичный вывод относительно невозможности получить МЗИ в газах Милликеном был сделан для быстрых α-частиц. И только при облучении гелия α-частицами им были зарегистрированы случаи "одномоментного" двукратного изменения заряда капель масла.

Открытие МЗИ в плазме остается важнейшим (и в настоящий момент, почти единственным экспериментальным) доказательством дискретности электронов в атомах. МЗИ исследуют методами масс-спектрометрии, рентгеновской, атомной спектроскопии и др. Однако из-за присутствия в любых ионных источниках кластеров, фрагменты которых в масс-спектрах дают наложения на массовые линии МЗИ, невозможно однозначно определить: является ли ион многократно заряженным или фрагментарным ионом от моноизотопного кластера. Абстрагируясь от действующей модели атома, линии МЗИ в масс-спектрах можно однозначно интерпретировать как фрагменты от моноизотопных кластеров [5].

Рентгеновское и оптическое излучение фрагментов кластеров, разлетающихся в результате кулоновского взрыва с колоссальными скоростями, может приниматься (вследствие эффекта Допплера) за излучение МЗИ. Более того, излучение самих кластеров, имеющих узкие линии фотонной эмиссии [6], иногда ошибочно интерпретируется как атомная эмиссия [7].

Кластеры присутствуют в значительных количествах в любых источниках МЗИ [5], а также практически во всех источниках возбуждения атомных спектров [8, 9]. В этом легко убедиться, сопоставив способы генерации кластерных пучков [10] с условиями получения МЗИ в источниках ионов [11] и способами возбуждения атомных спектров [12]. Для получения МЗИ и возбуждения атомных спектров, как и для генерации кластеров, обычно применяют: дуговой, искровой, тлеющий разряды; ввод (распыление) вещества в плазму; воздействие на вещество электронных, ионных пучков или лазерного излучения.

Настоящее исследование является обоснованием необходимости (и важным аргументом в пользу масс-спектрометрического эксперимента для) проверки действующей модели атома.

2. Об элементарных электрических зарядах в химии. Редокс процессы без участия дискретных электрических зарядов.

Степени окисления атомов и групп атомов могут иметь дробные значения, ибо определяются не передачей электронов, а стехиометрией процесса.

Для выяснения связи степени окисления с числом "z" как показателем дискретности электрических зарядов в уравнениях и формулах химии, рассмотрим примеры редокс реакций. Оговоримся сразу, что описание редокс процессов без привлечения дискретных электрических зарядов (электронов и ионов) не претендует на замену понятий степени окисления или числа дискретных электронов как модельных представлений, удобных для составления уравнений реакций. Не в этом цель работы.

Атомы и молекулы изображаются в виде носителей элементарных электрических зарядов — ионов, взаимодействующих с электронами, при составлении уравнений редокс процессов по методу электронного баланса (основан на сравнении степеней окисления элементов) или в виде полуреакций (ион-электронных уравнений). Запишем редокс процесс в виде общей схемы:

$$n_2 Ox_1 + n_1 Red_1 \Leftrightarrow n_2 Red_2 + n_1 Ox_2 \qquad (1)$$
$$n_2 \ \big| \ Ox_1 + z_1 e^- \Leftrightarrow Red_2 \qquad (1.a)$$
$$n_1 \ \big| \ Red_1 - z_2 e^- \Leftrightarrow Ox_2 \qquad (1.b)$$

где: Ox_1, Ox_2 — окисленные состояния компонентов; Red_1, Red_2 — восстановленные состояния компонентов; e^- — заряд электрона; z_1 и z_2 — числа присоединяющихся или высвобождающихся электронов, приходящихся на молекулу реагирующего вещества; n_1 и n_2 — это стехиометрические числа компонентов.

Рассмотрим редокс процессы на примере взаимодействия перманганата калия с хлористоводородной кислотой в кислой среде. В общепринятом виде полуреакции записывают так:

$$2KMnO_4 + 10HCl + 3H_2SO_4 = 2MnSO_4 + K_2SO_4 + 5Cl_2 + 8H_2O \qquad (2)$$
$$5 \ \big| \ 2Cl^- - 2e^- \rightarrow Cl_2 \qquad (2.a)$$
$$2 \ \big| \ MnO_4^- + 8H^+ + 5e^- \rightarrow Mn^{2+} + 4H_2O \qquad (2.b)$$

В результате реакции (2) состояния элементов (степени окисления и количество связей) в новых соединениях изменяются у хлорид-иона (восстановителя, отдающего электроны), превращающегося в газообразный хлор (*2a*) и у окислителя, перманганат-иона (отнимающего электроны), который превращается согласно (*2b*) из аниона, MnO_4^-, в катион Mn^{2+}. В "безэлектронной" интерпретации (также, как и в электронной) перманганат калия, в котором у поставляющика кислорода, Mn(VII), количество связей уменьшается, является окислителем, а хлористоводородная кислота – восстановителем и поставщиком водорода, связывающего перманганатный кислород.

Для удобства и в соответствии с (2), рассмотрим превращение сразу двух молекул $KMnO_4$ в две молекулы сульфата марганца (II); для этого требуется связать перманганатный кислород, соединенный 14 связями с двумя атомами Mn(VII). В двух молекулах $KMnO_4$ присутствуют шесть атомов кислорода, имеющих каждый по две связи с атомом марганца и два "частично связанных" кислорода, имеющих по одной связи с атомом марганца, а другой связью "соединенного" с калием: "O–K". Часть перманганатного кислорода (три атома из восьми для двух молекул перманганата) связывается в воду "кислотным" водородом при взаимодействии $KMnO_4$ с тремя молекулами серной кислоты (*2c*), обеспечивающими кислую среду; при образовании K_2SO_4 и воды числа связей у калия и компонентов серной кислоты не изменяются. Запишем "безэлектронную" полуреакцию:

$$2KMnO_4 + 3H_2SO_4 = 2MnSO_4 + K_2SO_4 + 3H_2O + 5O, \quad (2c)$$

в которой 14 связей двух атомов Mn(VII) заменяются четырьмя связями двух сульфат-ионов у двух атомов Mn(II). Чтобы связать в воду 5 атомов двухвалентного кислорода, остающихся от двух молекул перманганата в (2.*c*), аннулируя 10 связей у двух Mn(VII), требуется 10 молекул хлористоводородной кислоты, при этом хлор окисляется, уменьшая число своих связей до нуля. Вторая "безэлектронная" полуреакция для (2) может быть записана так:

$$5O + 10HCl = 5Cl_2 + 5H_2O \qquad (2d)$$

Суммирование выражений (*2c*) и (*2d*) дает уравнение (2). В нем разность степеней окисления марганца в $KMnO_4$ и $MnSO_4$ равна 5; изменение числа связей после превращения Mn(VII) в Mn(II) равно 5; 5 молекул HCl идет на превращение 1 молекулы перманганата; 5 атомов хлора меняют число связей; выделяется 5 атомов газообразного хлора на одну молекулу перманганата; согласно (*2b*) в редокс реакции участвуют 5 электронов; т. е. имеем полное числовое соответствие, а, следовательно, и основание для игнорирования дискретных электрических зарядов в редокс процессах.

Для поддержания кислотности среды серную кислоту в процессе (2) можно заменить хлористоводородной кислотой.

$$2KMnO_4 + 10HCl + 6HCl = 2MnCl_2 + 2KCl + 5Cl_2 + 8H_2O \qquad (3)$$

По реакции (3) две молекулы $KMnO_4$ превращаются в две молекулы KCl и две $MnCl_2$ без изменения чисел связей у шести атомов хлора. В остальном, процесс (3) аналогичен (2). Восстановление перманганата в кислой среде идет и с другими реагентами, например, с Fe(II), пероксидом водорода, сероводородом и металлическим железом.

$$10FeSO_4+2KMnO_4+8H_2SO_4=5Fe_2(SO_4)_3+2MnSO_4+K_2SO_4+8H_2O \quad (4)$$
$$5H_2O_2 +2KMnO_4 +3H_2SO_4 =2MnSO_4 +K_2SO_4 +5O_2 +8H_2O \qquad (5)$$
$$5H_2S + 2KMnO_4 + 3H_2SO_4 = 5S + 2MnSO_4 + K_2SO_4 + 8H_2O \qquad (6)$$
$$10Fe+6KMnO_4+24H_2SO_4=5Fe_2(SO_4)_3+6MnSO_4+3K_2SO_4+24H_2O \quad (7)$$

В реакциях (2 – 7), в расчете на одну молекулу, у окислителя теряется 5 связей, у восстановителя образуется 5 новых связей; на восстановление одной молекулы $KMnO_4$ требуется 5 молекул реагента. Рассмотренные примеры (2 – 7) показывают, что в редокс реакциях число "z" определяется стехиометрией, а не количеством элементарных зарядов, якобы, отдаваемых одними атомами (молекулами) другим.

Экспериментально определяемым является химический состав соединения. Он реален при любой возможной интерпретации природы химических сил (чего нельзя сказать о передаче электронов в реакциях).

Коэффициент "z" используется при вычислении эквивалентов веществ, поэтому для продолжения выяснения: является ли он показателем дискретного электричества, остановимся на определении химического эквивалента.

Химическим эквивалентом называют весовое количество элемента, связывающегося с 1.008 массовой частью водорода или замещающее 1.008 массовую часть водорода в соединениях. На разных этапах развития химической науки для вычисления эквивалентов веществ привлекался коэффициент (в данной работе символ "z"), который, помимо участвующих в редокс реакции электронов, обозначал и валентность элемента в соединении, и разность степеней окисления атома до и после реакции, и основность кислот или кислотность оснований.

В одной формульной единице вещества Y содержится $z(Y)$ химических эквивалентов этого вещества. Число $z(Y)$ – эквивалентное число, всегда ≥ 1, показывает, сколько химических эквивалентов содержится в одной формульной единице вещества Y. Эквивалентную массу $M(Y)_{eq}$ находят делением молярной массы $M(Y)$ на эквивалентное число: $M(Y)_{eq} = M(Y)/z(Y)$ [13].

При использовании термина "эквивалент" всегда необходимо указывать, к какой конкретной реакции он относится. В реакциях (2 – 7) химический эквивалент $KMnO_4$, при восстановлении его до $Mn(II)$, равен $1/5$, а при восстановлении до $Mn(IV)$ он равен $1/3$ от молекулярной массы $KMnO_4$. Коэффициенты $1/5$ и $1/3$ – это факторы эквивалентности $f_{eq}(Y)$, используемые при вычислении эквивалентов [14], – это величины обратные эквивалентному числу $z(Y)$: $f_{eq}(Y) = 1/z(Y)$. Величину "$f_{eq}(Y) \cdot Y$" можно назвать эквивалентом вещества Y или его эквивалентной формой. Для пояснения понятия "фактор эквивалентности" перепишем уравнение (1) в следующем виде:

$$n_2/n_1 Ox_1 + Red_1 \Leftrightarrow n_2/n_1 Red_2 + Ox_2, \qquad (8)$$

где $n_1 \geq n_2$. Это означает, что в реакции (8) один моль вещества Red_1 будет эквивалентен n_2/n_1 молям Ox_1, а один моль Ox_2 эквивалентен n_2/n_1 молям Red_2. Отношение стехиометрических коэффициентов (n_2/n_1) обозначается символом $f_{eq}(Ox_1)$ и называется фактором эквивалентности вещества Ox_1. Фактор эквивалентности, имеющий вид дроби, равной или меньшей единице, является безразмерной величиной, которая может быть рассчитана из стехиометрии реакции.

В "безэлектронном" варианте записи полуреакций, коэффициент "z" соответствует изменению числа связей у атомов реагирующих веществ и продуктов реакции, а, следовательно, "z" соответствует и соотношению количеств молей восстановителя и окислителя, участвующих в редокс реакции. В реакциях число "z" пропорционально отношению количеств молей тех реагентов, атомы (группы атомов) которых изменяют числа связей в ходе реакции; оно может быть выражено через стехиометрические коэффициенты уравнения реакции или кратные им величины. При этом в редокс реакциях число молекул реагента, у которого происходит изменение числа связей какого-либо элемента, соответствует числу электронов "участвующих" в этих реакциях. Поэтому в полуреакциях (1a) и (1b) коэффициенты z_1 и z_2 можно рассматривать как соотношение стехиометрических коэффициентов n_1 и n_2 (или кратных им чисел). Они показывают, какое количество молей z_1 компонента Red_1 идет на превращение z_2 молей Ox_1, при образовании z_2 молей Red_2 и z_1 молей Ox_2.

Как видим, эквивалентные числа, факторы эквивалентности и эквиваленты (фигурирующие также и в законах электролиза) определяются без привлечения элементарных зарядов из экспериментально устанавливаемых стехиометрических чисел компонентов редокс реакций, основываясь на законе кратных отношений.

Для продвижения в понимании вопроса: имеет ли коэффициент "z" в уравнениях и формулах химии какое-либо отношение к дискретному электрическому заряду иона или к количеству передаваемых в редокс процессе электронов, рассмотрим понятие редокс потенциала.

Редокс потенциал – это равновесная разность гальвани-потенциалов между электролитом и электродом, при которой с равной скоростью протекают реакции окисления и восстановления. Он является более информативным показателем окислительной способности вещества, чем степень окисления, ибо позволяет судить не только о возможности протекания той или иной редокс реакции, но и о направлении процесса.

Рассмотрим ионно-металлический электрод, соединенный в электрохимическую цепь со стандартным водородным электродом:

$$\text{Pt, H}_2\ (p = 101325\ \text{Н/м}^2)\ \big|\ \text{H}^+\ [a(\text{H}^+) = 1]\ \big\|\ Me^{z\pm}\ \big|\ Me, \qquad (9)$$

Стандартный редокс потенциал E^0 равен редокс потенциалу при активностях компонентов равных единице, он зависит от природы редокс процесса и от температуры. Принято, что при любой температуре потенциал водородного электрода $(9a)$ равен нулю, E^0 (H^+, H_2) = 0.

$$\text{H}^+\ [a(\text{H}^+) = 1]\ \big|\ \text{H}_2\ (p = 101325\ \text{Н/м}^2),\ \text{Pt}; \qquad (9a)$$

В случае восстановления ионов Me^{z+} до металла Me на металлическом электроде в (9) идет процесс:

$$Me^{z+} + ze^- \rightarrow Me \qquad (9b)$$

На водородном электроде системы (9) идет процесс окисления атомов водорода:

$$z\tfrac{1}{2}\text{H}_2 - ze^- \rightarrow z\text{H}^+ \qquad (9c)$$

Суммарный процесс измерения редокс потенциала для полуреакций $(9b)$ и $(9c)$ можно записать:

$$Me^{z+} + z\tfrac{1}{2}\text{H}_2 \rightarrow Me + z\text{H}^+ \qquad (9d)$$

В "безэлектронной" интерпретации z – это число связей, утраченных ионом Me^{z+} при превращении в металл, равное числу связей, образованных атомами водорода с кислотными остатками.

Другими словами: z – это количество молей атомов водорода, пошедшее на превращение моля катионов Me^{z+} в один моль металла и количество молей одноосновной кислоты, образовавшейся в результате реакции. Перепишем выражение (9d) в соответствии с определением эквивалента:

$$1/zMe^{z+} + \tfrac{1}{2}H_2 \rightarrow 1/zMe + H^+, \qquad (9e)$$

Согласно (9e) один моль атомов водорода вступает в реакцию с $1/z$ молями z-валентного металла; эквивалент равен $1/z$ от атомной массы Me; $1/z$ – фактор эквивалентности.

При окислении металла Me ионами водорода H^+ до катиона Me^{z+} идет процесс растворения электрода и отдачи металлом электронов:

$$Me - ze^- \rightarrow Me^{z+}, \qquad (9f)$$

на водородном электроде идет процесс восстановления ионов водорода до элементарного состояния:

$$zH^+ + ze^- \rightarrow z/2H_2 \qquad (9g)$$

Суммарный процесс на электродах при измерении редокс потенциала для полуреакций (9f) и (9g) может быть записан так:

$$Me + zH^+ \rightarrow Me^{z+} + z/2H_2 \qquad (9h)$$

Согласно (9h) металл Me окисляется, образуя в новом соединении z связей, которое равно числу связей, утраченных атомами водорода; z – это также количество молей атомов водорода, выделившихся в результате превращения одного моля металла в моль катионов Me^{z+}, или количество молей одноосновной кислоты, прореагировавшей с одним молем металла. Выражение (9h) запишем в соответствии с определением эквивалента:

$$1/zMe + H^+ \rightarrow 1/zMe^{z+} + \tfrac{1}{2}H_2 \qquad (9i)$$

В "безэлектронном" виде полуреакцию для водородного электрода можно записать:

$$\tfrac{1}{2}H_2 + X \rightarrow HX, \qquad (9j)$$

Полуреакцию для металлического электрода можно записать:

$$MeX_z - zX \rightarrow Me \qquad (9k)$$

Итоговые реакции для определения стандартных потенциалов металлического электрода, когда X – анион одноосновной кислоты, а z – число связей Me, можно записать, исходя из (9j) и (9k):

$$Z\tfrac{1}{2}H_2 + MeX_z \rightarrow Me + zHX \qquad (9l)$$

$$Me + zHX \rightarrow MeX_z + z\tfrac{1}{2}H_2 \qquad (9m)$$

По логике "безэлектронного" описания редокс реакций в уравнении (9l) окислитель Me, из соединения MeX_z теряет z связей с X, восстанавливаясь до элементарного Me. Элементарный водород, восстановитель, присоединяет атомы X (группы атомов) иных, чем он сам, элементов, образуя z связей в z молекулах. В реакции $(9m)$ восстановитель элементарный Me, образуя z связей с X, окисляется; водород кислоты, окислитель, восстанавливается до элементарного состояния, утрачивая z связей с атомами X (группами атомов) иных, чем он, элементов. Стехиометрические коэффициенты реакций $(9l)$ и $(9m)$ определяются изменением числа связей z или числом молей атомов водорода, необходимых для превращения одного моля MeX_z в один моль Me или выделяемых при растворении моля металла Me, а не с числом электронов. Из этого следует, что при записи стандартных потенциалов электродов, можно обойтись без привлечения зарядовых чисел ионов и "штучных" электронов; ибо "z" в впроцессах $(9b - 9m)$ определяется стехиометрией реакций.

Помимо того, что разность окислительных потенциалов полуреакций окисления и восстановления ($E = E^0_{Ox} - E^0_{Red}$) прямо и однозначно отражает изменение в редокс процессе свободной энергии Гиббса (10):

$$\Delta G = - z \cdot F \cdot E, \qquad (10)$$

E одновременно представляет собой э. д. с. гальванического элемента, в котором протекают соответствующие редокс процессы.

Гальванический элемент

Систему, составленную из двух полуэлементов, соединенных в электрическую цепь, рассматривают как гальванический элемент (ГЭ). Процессы в ГЭ можно описывать, не прибегая к концепции ионов как электрически заряженных частиц [1]. В соответствии с химической теорией гальванического элемента электрическая энергия вырабатывается в результате химических реакций на границе "электрод – электролит". Генерируемый в ГЭ ток определяется скоростями идущих в нем реакций: чем больше вещества превращается в единицу времени, тем большую мощность имеет химический источник тока данного вида.

Если ГЭ замкнут на очень большое сопротивление, что вызывает лишь ничтожное смещение потенциалов от их равновесных значений, то он может работать термодинамически обратимо, т. е. процессы в нем протекают бесконечно медленно, так что потенциалы электродов и, следовательно, э.д.с. его сохраняют равновесное значение. Работа, совершаемая этим элементом, будет равна максимальной работе. Она, при постоянных температуре и давлении, представляет разность изобарных потенциалов: $A = G_1 - G_2 = \Delta G$.

Уравнение изотермы реакции дает связь между A и K

$$A = RT \ln K - RT \ln \Pi \tag{11}$$

Π – величина, составленная так же, как константа равновесия K, но активности, входящие в нее, не отвечают равновесию, а соответствуют тем концентрациям реагирующих веществ, которые фактически существуют в рассматриваемой системе.

С целью продолжения анализа смыслового содержания коэффициента "z" в уравнениях химии (откуда "z" появляется, и какое он отношение имеет к дискретным электрическим зарядам) вернемся к системе (9), в которой ионно-металлический электрод (Me^{z+}, Me) соединен со стандартным водородным электродом.

Для процесса (9е) Π запишим в виде:

$$\Pi = \frac{[Me]^{1/z}[H^+]}{[Me^{z+}][H_2]^{1/2}} \tag{12}$$

Стехиометрические коэффициенты при Red и Ox редко равны единице, поэтому активности в формулу (12) входят с соответствующими показателями степени. Напомним, что в (9е) один моль атомов водорода взаимодействует с г-экв Me^{z+}, который равен $1/z$ от массы Me^{z+}; $1/z$ – фактор эквивалентности, определяемый через стехиометрические числа компонентов реакции.

Подставив (12) в (11), при постоянных температуре и давлении, когда $A = \Delta G$, получим:

$$\Delta G = -RT \ln K - \frac{1}{z} RT \ln \frac{[Me]^{1/z}[H^+]}{[Me^{z+}][H_2]^{1/2}} \tag{11a}$$

Учитывая, что для стандартного водородного электрода $[H^+] = 1$; давление $P_{H2} = 101325$ Н/м^2, т. е. $[H_2] = 1$; активность металла в стандартном состоянии $[Me] = 1$, для (12a) можно записать:

$$\Delta G = \Delta G^0 + \frac{1}{z} RT \ln[Me^{z+}], \tag{11b}$$

где ΔG^0 – стандартный изобарно-изотермический потенциал процесса (9е).

Акцентируем внимание на том, что коэффициент $1/z$ входит в уравнения (11a) и (11b) еще до появления электрических величин в формулах как фактор эквивалентности, определяемый через стехиометрические числа компонентов реакции, и, следовательно, относится к количеству вещества, а не к числу элементарных электрических зарядов. Именно в данном значении он входит и в уравнения электрохимии.

Напряжение ГЭ рассчитывается по изобарно-изотермическому потенциалу ΔG полного химического превращения, протекающего в ячейке. Измерив количество прошедшего электричества $q = I \cdot t$ и E, найдем максимальную работу обратимо протекающей суммарной реакции (9е) в элементе (9). Чтобы не усложнять записи интегралами, здесь и далее, ток I принимаем не изменяющимся во времени. Из (10), взяв для данного случая $I \cdot t$, вместо $z \cdot F$, и с учетом (11b), получим зависимость потенциала электрода, обратимого по отношению к катионам металла, от их активности в растворе.

$$E(Me^{z+}, Me) = E^0(Me^{z+}, Me) + \frac{1}{z}\frac{RT}{It}\ln[Me^{z+}] \qquad (13)$$

где $E^0(Me^{z+}, Me)$ – стандартный окислительный потенциал; $1/z$ – фактор эквивалентности; $[Me^{z+}]$ – активность окисленной формы; $I \cdot t = q$ – количество электричества.

Как видим, z в ГЭ относится к стехиометрии процесса, входя в уравнения еще до появления электрических величин, а не к элементарным электрическим зарядам.

Электролиз

Химические реакции, идущие самопроизвольно в ГЭ, вырабатывают электрическую энергию, тогда как в электролизере, наоборот, процессы идут "принудительно" за счет электрической энергии, подводимой от внешнего источника. Электролиз начинается после того, как напряжение на электродах, погруженных в электролит, достигает значений, превышающих разность равновесных потенциалов обоих электродов на величину катодного и анодного перенапряжений и омического падения напряжения в электролизере.

Соединив последовательно цинковый и медный элементы, получим элемент, подобный ГЭ Даниэля-Якоби [14]:
$$- Zn \mid Zn^{2+} + SO_4^{2-} \parallel Cu^{2+} + SO_4^{2-} \mid Cu +, \qquad (14)$$
в котором может протекать редокс реакция:
$$Zn + CuSO_4 = Cu + ZnSO_4 \qquad (15)$$
Чтобы на цинковом электроде пошел процесс выделения цинка из его раствора (16), обратный процессу (15):
$$\tfrac{1}{2}Zn^{2+} + \tfrac{1}{2}H_2 \rightarrow \tfrac{1}{2}Zn + H^+; \qquad (16)$$
а на медном электроде начался процесс растворения меди:
$$\tfrac{1}{2}Cu + H^+ \rightarrow \tfrac{1}{2}Cu^{2+} + \tfrac{1}{2}H_2, \qquad (17)$$
необходимо приложить к электродам разность потенциалов по величине большую, чем $E^0(Zn, Zn^{2+}) = - 0.761$ В, для процесса (16) и большую, чем $E^0(Cu^{2+}, Cu) = 0.339$ В – для (17). В (16) и (17), ½ –

это фактор эквивалентности, определяемый через стехиометрические числа соответствующих реакций.

Чтобы в элементе Даниэля-Якоби (14) пошел электролиз, начались электродные реакции (16) и (17), следует приложить напряжение большее 1.1 В. Запишем для элемента Даниэля-Якоби процесс, обратный (15):

$$Cu + ZnSO_4 = Zn + CuSO_4 \tag{18}$$

Для реакции (18), при превращении по одному молю на каждом из электродов, получим:

$$2\Delta EIt = \Delta G^0(Zn^{2+}, Cu^{2+}) + RT \ln \frac{[Zn^{2+}]}{[Cu^{2+}]} \tag{19}$$

Константа равновесия процесса (18), обратного процессу (15), равна $10^{-37.28}$. Для превращения по одному молю цинка и меди требуется подвести к электродам электрическую энергию не менее 212.27 кДж/моль. Из затрат энергии на химические превращения можно найти количество электричества, которое подается к электродам для восстановления и поддержки напряжения, обеспечивающего протекание электролиза. Элемент Даниэля-Якоби в стандартных условиях имеет э.д.с. 1.1 В, следовательно, напряжение электролиза не должно быть меньше. Из (19) получаем: $2 \cdot E \cdot I \cdot t = 212.27$ кДж/моль; тогда $q = 212.27/1.1 = 192972.73$ Кл, что соответствует, как и в ГЭ (14), превращению двух эквивалентов, двум числам Фарадея: $2F = 2 \cdot 96485.31$. Как для цинка, так и для меди, 2 – это эквивалентное число z, которое определяется из стехиометрии химических реакций и относится к количеству вещества, а не к дискретным электрическим зарядам.

Химические реакции при электролизе – причина протекания электрического тока

Нередко в изданиях по электрохимии говорится, что при подключении гальванической ячейки к источнику постоянного тока через ячейку протекает электрический ток, вызывающий химические превращения, – этот процесс и называется электролизом. Рассмотрим, насколько соответствует действительности данная причинно-следственная связь: "напряжение – электрический ток – химический процесс".

Напряжение на электродах электролизера создается внешним источником тока; электроды заряжаются по внешней цепи и, как постулируется, без протекания тока электронов через электролит. После достижения напряжения определенной величины, запускаются химические реакции на электродах (или подле них).

Сила тока, идущего от источника электрической энергии к электродам электролизера для поддержки заданного напряжения, определяется скоростью реакций на них. Однозначная связь между ΔV и скоростью электродного процесса, выраженная в уравнениях кинетики, позволяет утверждать, что всегда, если потенциал данного электрода отличается от равновесного на определенную величину ΔV, должен протекать процесс с определенной скоростью; причина, вызвавшая отклонения потенциала, безразлична.

Проанализируем процесс электролиза (пример из [15]), отслеживая изменение силы тока при варьировании разности потенциалов на платиновых электродах, находящихся в растворе сульфата натрия. Пока к электродам не приложена внешняя э.д.с. на них будут одинаковые потенциалы, обусловленные редокс потенциалами раствора. Сначала, при малых э.д.с., тока в цепи почти нет; увеличение э.д.с. очень мало увеличивает силу тока, на электродах не наблюдается выделения продуктов электролиза: H_2 и O_2. Когда э.д.с. E_{total}, подаваемая на электроды извне, станет больше, чем разность равновесных потенциалов V_{O2eq} и V_{H2eq}, начнется процесс разложения воды, но сила тока сначала мала. Только, когда э.д.с. достигнет некоторой определенной величины (напряжения разложения), сила тока сильно возрастает, и на электродах появятся видимые продукты электролиза. Очевидно, что пока э.д.с. меньше разности: $V_{O2eq} - V_{H2eq}$, электродные реакции невозможны (речь идет о потенциалах при давлениях кислорода и водорода, равных единице).

Когда электрохимическая реакция переходит в диффузионную стадию, дальнейший сдвиг потенциала уже не увеличивает скорость процесса: диффузия не успевает обеспечивать электрод реагирующим веществом, достигается предельный ток. Скорость электродного процесса, подчиняющегося диффузионной кинетике, удобно выражать через плотность тока, ибо эта величина доступна непосредственному измерению. В любых условиях поляризации фактическая скорость диффузии равна фактической скорости электродной реакции; плотность тока в диффузионной области определяется количеством реагентов и продуктов, поступающих к единице поверхности электрода в единицу времени. При определенном напряжении скорость диффузии становится постоянной и подвод реагентов (отвод продуктов) ускоряется за счет миграции.

В рассмотренном примере и в области остаточных токов, и при э. д. с., превышающей напряжение разложения, на электродах происходит один и тот же химический процесс – разложение воды с выделением водорода и кислорода.

Поскольку электродный процесс является химической реакцией, постольку за основу выводов количественных зависимостей между смещением потенциала от равновесного значения и скоростью реакции, выраженной через плотность тока, принимаются обычные уравнения химической кинетики: скорость реакции выражается через активность реагирующего иона, энергию активации и температуру. Сдвиг потенциала от равновесного значения, определяя скорость реакции, влияет на величину энергии активации – в этом и заключается важная особенность электродных реакций по сравнению с обычными химическими процессами.

Проведенное выше рассмотрение показывает, что при электролизе, как и в ГЭ, химические превращения вызывают электрический ток. Первичность химических процессов, начинающихся после наложения на электроды достаточной разности потенциалов, а не электрического тока, доказывает, что в законах Фарадея и других уравнениях электрохимии коэффициент "z", считающийся "показателем дискретности электричества", относится не к электрическим величинам, а к количеству прореагировавшего вещества; "z" имеет отношение не к зарядовым числам реагирующих ионов, не к числам дискретных электронов, а к стехиометрии химических реакций, к составам реагентов и продуктов, которые, в отличие от передачи "штучных" электронов, надежно определяются методами количественного химического анализа.

Законы электролиза отражают общий закон сохранения вещества в условиях протекания электрохимических реакций и используются при выводе уравнений, описывающих электрохимические превращения веществ на границах проводников первого и второго рода.

Т.к. электрический ток протекает в результате химических реакций, то не количество превращающегося при электролизе вещества, определяется количеством прошедшего электричества, а, наоборот, количество электричества, подведенное к электродам электролизера для восстановления напряжения, определяется массой веществ, прореагировавших за время электролиза. Электрический ток оказался на первых ролях в электрохимических процессах потому, что он доступен непосредственному измерению. Это важно учитывать для понимания содержания числа "z", фигурирующего в законах электролиза, как коэффициента, относящегося к количеству вещества, а не к заряду иона или числу электронов.

О дискретной структуре зарядов ионов в электролитах

Обоснование дискретной структуры электрических зарядов, опирающееся на законы электролиза, излагается, с некоторыми вариациями, во многих научных трудах и учебниках. Проанализируем доказательства дискретности электричества, приводимые Э. В. Шпольским в [16], разбив их на ряд тезисов.

Тезис А: "Из законов электролиза следует, что если пропускать одно и тоже количество электричества через различные электролиты, то количество веществ, выделяемых в растворах одновалентных ионов, будет пропорционально атомным весам ионов. Если это количество электричества как раз таково, что оно выделяет один г-ат определенных ионов, то в любом другом электролите, содержащем одновалентные ионы, оно выделит тоже один г-ат ионов".

Тезис Б: "Так как электрический ток в электролите обусловлен движением ионов, то можно сформулировать установленный факт, утверждая, что один г-ат одновалентных ионов, содержащий одинаковое количество частиц, равное числу Авогадро: $N_{Av} = 6.02 \cdot 10^{23}$, несет с собою всегда одно и тоже количество электричества $F = 96485.31$ Кл, вне зависимости от природы этих ионов. Наиболее вероятно, что весь электрический заряд распределен равномерно по всем частицам, и заряд, переносимый одним ионом, будет иметь совершенно определенную величину, равную $F/N_{Av} = e$; заряд, переносимый каждым двухвалентным ионом, будет $2e = 2F/N_{Av}$; z-валентным ионом: $z \cdot e = z \cdot F/N_{Av}$. Т. е. различные ионы могут нести на себе заряды, кратные e: равные $1e$, $2e$, …, ze".

Гельмгольц сделал вывод (тезис В), который, по его мнению, следовал из положений "А" и "Б": "Если мы принимаем существование атомов элементов, то мы не можем избежать и дальнейшего следствия, – что и электричество, как положительное, так и отрицательное, разделено на определенные элементарные количества, которые ведут себя, как атомы электричества".

Рассмотрение тезиса "А" начнем с того, что "количество веществ, выделяемых в растворах одновалентных ионов, будет пропорционально атомным весам ионов" тогда, когда в разных химических реакциях превращаются одинаковые числа n атомов или молекул, ибо масса продуктов реакции $m = n \cdot M$, где M – масса молекулы полученного вещества. Т.к. в законах электролиза количество электричества, равное числу Фарадея, жестко привязано к превращению числа частиц N_{Av}, то массы превращенных веществ оказываются пропорциональными и атомным весам ионов, и количеству электричества. Помимо этого, при анализе тезиса "А" следует исходить из факта, что количество электричества через электролит не "пропускается", а подводится от внешнего источника тока к двум электродам для создания и поддержания на них требуемой для электролиза разности потенциалов V_1. К тому же на электролиз затрачивается не количество электричества, а электрическая энергия. На первые акты химического превращения израсходуется электрическая энергия: $\Delta W = \Delta V \cdot I \cdot \Delta t$, и без подключенного внешнего источника тока напряжение на электродах электролизера уменьшится до V_2. Включение вновь источника тока, вызовет, в результате возникшей разности потенциалов $(\Delta V = V_1 - V_2)$ между ним и электродами электролизера, протекание электрического тока I в течение времени Δt, пока напряжение на электродах не восстановится до V_1 или до значения, при котором возможен электролиз. Это количество электричества $\Delta q = I \cdot \Delta t$, восстанавливающее напряжение на электродах, пропорционально количеству превращенного вещества, т. к. протекание тока I вызвано химическими процессами, идущими в течение времени Δt. Постольку поскольку химические реакции идут согласно закону кратных отношений, то и количество электричества будет пропорционально эквивалентам превращенных веществ.

Следует также учитывать, что при рассмотрении катодного или анодного процессов всегда предполагается существование второго, "вспомогательного" электрода, без которого невозможно осуществить поляризацию изучаемого электрода, и количество электричества, "работающее" в электролизере, относится к обоим электродам. Вещества разлагаются на электродах (или подле них) в соответствии с их стехиометрическими составами. Превращение на одном электроде одного моля одновалентного элемента сопровождается превращением г-экв (т. е. $1/z$ доли моля) z-валентного элемента на другом; или на z молей одновалентного элемента превращается один моль (т. е. z г-экв) z-валентного элемента.

Важность энергии в электролизе, а не количества электричества, можно оценить из аналогии с термическим разложением вещества (или с фазовыми переходами: испарением, плавлением). Для инициирования процессов необходимо создать определенные условия: температуру, давление, электрическое напряжение и др. В результате затрат энергии на деструкцию молекул (или фазовые превращения) температура в реакторе падает, для возобновления процесса требуется подвод тепловой энергии до установления температуры разложения (перехода) вещества. В условиях динамического равновесия потребность в притоке тепловой энергии, в восстановлении давления до предыдущего уровня, в возвращении электрического напряжения к первоначальному значению, появляется после актов химических (физических) превращений. Температура реактора, в котором разлагается (испаряется, плавится) вещество, уменьшается; образуется градиент температур между источником тепла и поверхностью разложения, в результате этого идет выравнивание температур за счет притока тепла от внешнего источника. Чем температура реактора выше температуры разложения, тем больше скорость реакции, тем большее количество вещества превращается, тем большее количество тепловой энергии требуется подводить от внешнего источника для восстановления прежней температуры. При электролизе аналогично: скорость подвода количества электричества для восстановления напряжения разложения определяется скоростями реакций на электродах (подле них). Количество электричества передается электродам электролизера после появления разности потенциалов между ними и внешним источником тока.

Некоторое подобие электролиза с получением, как в законах Фарадея, соответствия количества электричества количеству превращенного вещества, можно смоделировать, используя электронагрев для термического разложения вещества (плавления, испарения). Количество превращенного в единицу времени вещества будет зависеть (помимо особенностей и условий проведения процесса) от подводимой энергии, а, следовательно, от пропущенного через электронагреватель количества электричества. При расчете затрат электрической энергии, идущей на превращение вещества, можно оперировать формулами аналогичными (11 – 13). Понятно, что в данном примере количество электричества не уносится продуктами реакции, как и при электролизе, электрический заряд не переносится ионами в электролитах.

Электрический ток в электролитах

Из тезиса "Б" следует, что перенос электрического тока в электролитах при электролизе возлагается на ионы. Число ионов n, перешедших за время t в электролит с электрода (или обратно) и несущих общий электрический заряд: $q = n \cdot z \cdot e$, пропорционально количеству превращающихся на электроде частиц n за это время. Ток $I = z \cdot e \cdot n / t$, где z – зарядовое число ионов, движущихся к электроду (или от него). Если z в знаменателе формулы обобщенного закона Фарадея (20)

$$m = \frac{Mq}{zF} \tag{20}$$

принять за количество электронов, участвующих в реакции, то z в числителе и z в знаменателе оказываются равными по величине. Подставляя в (20) $q = n \cdot z \cdot e$, с учетом равенства $F = N_{Av} \cdot e$, после сокращений, получим формулу закона Фарадея вовсе без участия электрических зарядов:

$$m = \frac{n}{N_{Av}} M \tag{21}$$

где: n/N_{Av} – мольная доля превращенного вещества молекулярной массы M. Масса m, прореагировавшего на электроде вещества, пропорциональна произведению мольной доли n/N_{Av} на молекулярную массу вещества M. От количества электричества, фигурировавшего в (20), в формуле (21) остается только количество частиц n, участвующих в реакции (вне зависимости от их заряда). Согласно (21), при участии в электродных реакциях одинаковых количеств n частиц разных веществ, получим массы веществ, пропорциональные молекулярным массам этих веществ. Об этом и говорится в законах Фарадея.

В тезисе "Б" также утверждается, что различные ионы могут нести на себе заряды, кратные e ($1e$, $2e$, ..., $z \cdot e$). Считается, что при электролизе ток электронов идет не в электролите от электрода к электроду, а от одной клеммы внешнего источника тока к одному электроду, и от другого электрода ко второй клемме источника тока. То есть количество электричества, входящее в законы электролиза, подводится от внешнего источника тока к электродам, на которых протекают химические реакции, для восстановления напряжения, а не переносится "на ионах" в электролите. Движение же ионов к электродам (от них) осуществляется в результате диффузии реагентов и продуктов реакций за счет образующихся градиентов концентраций у электродов и в объеме электролита. Скорость перемещения ионов диффузией (при прочих равных условиях) определяется скоростью реакции, которая зависит от разности потенциалов на электродах. <u>Диффузия продуктов электролитических реакций в объем, а реагентов из объема электролита не нуждается в электрических силах.</u> Ионы диффундируют, получая энергию на перемещение из окружающей среды, от электродов (всегда отличных, по сравнению с электролитами, проводников тепла), от теплового эффекта реакции. Подвод (отвод) энергии для электродных реакций, осуществляемый электронами к электродам (от них), а перемещение веществ — ионами, требуется только после акта химического взаимодействия.

Приведенный выше анализ показывает, что <u>тезисы "А" и "Б" не могут быть основанием для вывода "В"</u>, сделанного Гельмгольцем. Другие основания для вывода "В" в данной работе не рассматриваются.

3. Заключение

Химия как "суверенная научная дисциплина" [17, 18] должна иметь надежную "иммунную систему", позволяющую проверять физические модели и теории на их пригодность в своей "суверенной" области знания. Любая теория химической связи базируется на модели строения атома, а та, в данный момент, — на дискретности электричества. Следовательно, выяснение природы ионов и проверка адекватности модели атома — обязанность и самой химии, если она "суверенная научная дисциплина".

Значительная часть работы посвящена выяснению природы коэффициента "z" в уравнениях и формулах химии, ибо, основываясь на "z" как числе элементарных зарядов, переносимых ионами в электролитах, в науку было введено понятие дискретного электричества, электрические силы привлечены для объяснения химических взаимодействий, а в модель строения атома включены элементарные заряженные частицы. При этом в каждом из разделов статьи было показано, что интерпретация числа "z" не требует привлечения элементарных электрических зарядов.

4. Выводы

В уравнениях химии величина "z" не относится к количеству электричества, числу электронов, принимающих участие в химической реакции, или к заряду иона, а относится к количеству вещества, к стехиометрии реакции.

Законы электролиза, которым приписывают важную роль в понимании природы химической связи и развитии атомно-молекулярной теории, не являются доказательством электрической природы химических сил и дискретности электрических зарядов в атомах и молекулах.

Отсутствие в химии электролитов надежных доказательств существования МЗИ, а также, исходя из факта, что главным доказательством дискретности электронов в атоме считается существование МЗИ в плазме, вытекает необходимость выяснения природы ионов в плазме.

МЗИ в плазме исследуются в первую очередь методами масс-спектрометрии, следовательно, проверка модели атома может быть осуществлена масс-спектрометрически [5]. При этом важно учитывать, что линии масс-спектров любых МЗИ можно интерпретировать как фрагментарные частицы от кластеров, без привлечения дискретного электричества.

Если многозарядные ионы, не обнаруживаемые в электролитах (растворах, расплавах, суперионных проводниках) и в кристаллах, не существуют в газах и плазме, то нет оснований для ввода дискретных электрических зарядов в модель строения атома и не требуется привлекать электроны к ответственности за химическую связь.

Выяснение природы МЗИ позволит продвинуться в понимании механизмов электрохимических процессов, а также природы элементарности электрического заряда.

В свете изложенных фактов волновая механика Шредингера может рассматриваться как шаг к отказу от дискретных электронов в атомах и молекулах.

Литература

1. Герц Г. Электрохимия. Новые воззрения. М.: Мир, 1983. 231 с.
2. А. А. Левин, Я. К. Сыркин и М. Е. Дяткина // Успехи химии, 1969, Т. 38, С.194.

3. Месяц Г.А. Эктоны в вакуумном разряде: пробой, искра, дуга. М.: Наука. РАН, 2000. 424 с.

4. Милликен Р. Электроны (+ и –), протоны, фотоны, нейтроны и космические лучи. М. – Л .: ГОНТИ, 1939, 312 с., С.108.

5. Шатов В.В. Роль фрагментации кластеров в масс-спектрометрии многозарядных ионов. ДНА, в этом выпуске.

6. Бондаренко Е.А., Верховцева Э.Т., Доронин Ю.С. // Изв. АН, Сер. физ., 1998. Т. 62. С. 1103.

7. Герасимов Г.Н. // УФН, 2004. Т. 174. С. 155.

8. Шатов В.В. Кластеры в источниках излучения. Часть I. Традиционные источники возбуждения атомных оптических спектров: пламя, дуга, искра, плазма, лазер. ДНА, в этом выпуске.

9. Шатов В.В. Кластеры в источниках излучения. Часть II. Атомные и ионные пучки, ионные ловушки, beam-foil-спектроскопия. ДНА, в этом выпуске.

10. Смирнов Б.М. // УФН, 2003. Т. 173. С. 609.

11. Физика и технология источников ионов / Под ред. Я. Брауна. М.: Мир, 1998. 496 с.

12. Беков Г.И., Бойцов А.А., Большов М.А. и др. Спектральный анализ чистых веществ. СПб.: Химия, 1994. 336 с.

13. Степин Б.Д. Применение Международной системы единиц физических величин в химии. М.: Высшая школа, 1990. 96 с.

14. Pure and Appl. Chem., 1978. Vol. 50. P. 325

15. Скорчеллетти В.В. Теоретическая электрохимия. Л.: Химия, 1970. С. 252, 438.

16. Шпольский Э.В. Атомная физика. Т. 1. Введение в атомную физику. М.: Наука., 1974. С. 11.

17. Корольков Д.В., Скоробогатов Г.А. Теоретическая химия. СПб.: СПбГУ, 2001. 426 с.

18. Дмитрий Васильевич Корольков. СПб.: ВВМ, 2009. 220 с.

Авторы

Бондарь Андрей Васильевич, *Россия.*
cooper124@mail.ru
1958 г. р. Окончил физический факультет Новосибирского госуниверситета. Работал в технических областях. Интересы: искусственный интеллект, мышление, сознание.

Неплюй Владимир Иванович, *Украина.*
nepluy@mail.ru
Родился в 1939 году. В 1961 году закончил физико-технический факультет Днепропетровского Государственного Университета по специальности инженер-физик (специалист по системам автоматического регулирования). В 1961 ÷ 1999 г.г. работал в разных отраслях народного хозяйства СССР. В 2000 ÷ 2012 г.г. разрабатывал теорию, публикуемую в статьях журнала ДНА.

Замалиев Павел Сергеевич, *Россия.*
zamaliev@bk.ru

1958 г.р.
г. Волгоград.

Хмельник Соломон Ицкович, *Израиль.*
solik@netvision.net.il

К.т.н., научные интересы – электротехника, электроэнергетика, вычислительная техника, математика. Имеет около 200 изобретений СССР, патентов, статей, книг. Среди них – работы по теории и моделированию математических процессоров для операций с различными математическими объектами; по новым методам расчета электромеханических и электродинамических систем; по управлению в энергетике; по альтернативной энергетике.

Шатов Владимир Викторович, *Россия.*
www.shatov.org, vladimir@shatov.org

В 1986 г. окончил теоретический поток химического факультета Ленинградского государственного университета (г. Санкт-Петербург). В химии уже ~ 40 лет. Занимаюсь (и занимался) разработкой методик выполнения измерений и испытаний: масс-спектрометрия, оптическая и рентгеновская спектрометрия, рентгеноструктурный анализ, физические методы, электрохимия, "мокрая химия". Хобби – фундаментальная наука ~ 35 лет.

www.ingramcontent.com/pod-product-compliance
Lightning Source LLC
Chambersburg PA
CBHW031959170526
45157CB00002B/468